一本书读懂

孩子心理

潘鸿生 —— 编著

北京工业大学出版社

图书在版编目（CIP）数据

一本书读懂孩子心理 / 潘鸿生编著. —北京：北京工业大学出版社，2016.11（2021.9重印）

ISBN 978-7-5639-4940-3

Ⅰ.①—… Ⅱ.①潘… Ⅲ.①儿童心理学—通俗读物 Ⅳ.①B844.1-49

中国版本图书馆CIP数据核字(2016)第236050号

一本书读懂孩子心理

编　　著：潘鸿生

责任编辑：李　冉

封面设计：清水设计工作室

出版发行：北京工业大学出版社

　　　　　（北京市朝阳区平乐园100号　100124）

　　　　　010-67391722（传真）　bgdcbs@sina.com

经销单位：全国各地新华书店

承印单位：唐山市铭诚印刷有限公司

开　　本：787 mm × 1092 mm　1/16

印　　张：14

字　　数：160千字

版　　次：2016年11月第1版

印　　次：2021年9月第2次印刷

标准书号：ISBN 978-7-5639-4940-3

定　　价：39.80元

前　　言

　　每个孩子的成长，都凝聚着父母的心血。有时候，父母感觉为孩子付出了很多，却适得其反。很多父母忍不住会问，孩子到底在想什么呢？

　　其实，不是孩子不懂父母的良苦用心，而是父母不知道孩子的心理需要。行动上的抗拒源于心理上的抵触，即便家长软硬兼施，也不能进入孩子的内心世界，得不到孩子的真正认同，再好的理念、想法也没有用，花再多的钱，说再多的话也是白费。解决的办法只有一个，那就是换位思考，想想假如你是孩子，你会有什么心理，只有站在孩子的角度和立场上，才能够从根本上打开那扇沟通的门，让孩子接受你的教育。

　　父母总以为孩子不懂事，所以很多时候不去和他们讲道理，实际上这种做法并不可取。其实，有心的父母会发现，当你的教育符合孩子的心理特征，孩子就会听父母的。因此，当你觉得孩子不听话或者调皮任性到不可理喻的时候，你不妨静下心来思索片刻：到底是什么原因引发了他们的这些行为？孩子的这些行为又反映了他们什么样的心理需求呢？

　　孩子的身体成长需要一个过程，心理成长也需要一个过程。父母应该了解孩子心理发展的历程，依照他们心理发展的规律，采用科学的方法正确地引导和教育孩子。本书以全新的教育理念、鲜活生动的案例、深入浅出的表述方式，让家长更好地去理解——只有读懂孩子的心理，你才能在应对孩子的问题时游刃有余，才能更好地教育你的孩子。

目　　录

第一章　打开心扉，在沟通中读懂孩子

第二章　规范引导，消除孩子内心的阴影

第三章 耐心培养，塑造孩子健全的人格

第四章 因势利导，帮助孩子解决学习中的烦恼

第五章 关注行为，从生活细节上了解孩子

第六章　细心观察，解读孩子的青春疑惑

第一章

打开心扉，
在沟通中读懂孩子

很多家人抱怨：和孩子沟通、交流的时候，总觉得是在关心孩子，可是孩子却不领情；想说点知心话，却发现孩子心不在焉……其实，孩子在与家长沟通时是有选择性的，如果您无法打开他的心扉，自然也就无法正确地与他进行交流，好话未必能起到好作用。所以，只有读懂孩子的心理，才能进行有效的沟通。

孩子需要沟通

当今社会，竞争激烈，很多父母为了生计，将大部分的时间用在工作上，很少有人能抽出足够的时间陪伴孩子，导致孩子普遍感到心里孤单并渴望得到父母的陪伴。对话是最好的教育方式之一，尽管有时话不投机，孩子表现出不耐烦，家长也不能因此而放弃。如果长时间不与孩子交流，孩子会产生被抛弃的感觉。所以，家长再忙也应该满足孩子的心愿，多关爱孩子，多陪孩子聊聊天、说说话，这样不仅可以弥补平时工作忙与孩子沟通少的遗憾，而且还能让孩子感到幸福。

六一儿童节快到了，为了筹备幼儿园的节日活动，王老师忙得不亦乐乎。

有一天晚上，王老师正利用网络资源搜索演出服装，儿子在旁边突然大声地说了一句："妈妈，您每天怎么这么忙啊！"王老师停下手中的工作，笑着问道："儿子，你为什么这么说？"

"您每天下班回家后，总是忙自己的事，也不和我说话。问您什么，您总是说'等一会'，然后您就不理我了。您为什么这么忙啊？"儿子疑惑地问。

　　孩子的话让王老师感到自责，这些天，她全身心地投入幼儿园六一儿童节活动的准备工作，却忽略了自己的儿子，她忘了六一儿童节也是儿子的节日。

　　王老师忙向儿子道歉说："对不起！儿子，妈妈这段时间太忙了，忽略你了，妈妈向你道歉。你和我说说，六一儿童节你有什么心愿？"

　　儿子噘着小嘴对王老师说："妈妈，您想想吧。"

　　去游乐园、买玩具、吃大餐……这些活动和礼物都被儿子否定了。正在王老师挖空心思地想送什么礼物给儿子时，儿子却说："妈妈，您陪我说说话吧。"

　　"不用了，你快睡吧，明天还要上学。"王老师以为儿子不想睡觉，只是找个借口玩会儿，"不许说话了。妈妈还有很多工作要做，你要早点睡觉。"

　　儿子委屈地说："您以前不是说，如果我睡不着，就让我和您说话吗？"王老师的心顿时一颤。儿子顿了顿说："妈妈，其实我想要的礼物，就是您陪我说说话。"

　　听了儿子的话，王老师的眼圈有些红了，她抱起儿子，亲了又亲，说："好孩子，对不起！这几天，妈妈忙着幼儿园六一儿童节的活动安排，却忽略了对你的照顾，没有时间好好陪你。妈妈向你道歉。"

　　"没事的，妈妈。其实，我就是希望您能多陪我说说话，您讲讲您的故事，我讲讲我的故事。"儿子懂事地说。

　　"行，妈妈现在就陪你说说话。"听了妈妈的话后，儿子马上兴奋起来。

于是，王老师坐在儿子身边，描述着自己小时候是如何过六一儿童节的："小时候家里条件不好，过节和平时一样，没有玩具，也没有新衣服。每年六一儿童节，爸爸妈妈都会带着我去公园，我感觉很充实、很快乐。"

儿子马上又追问道："妈妈，你们那时候都玩什么呢？"

王老师接着说："我们那时，没有什么玩具，男孩一把木头手枪，女孩一个布娃娃，就算是心爱的玩具了。平时和小伙伴在房前屋后玩耍，跳皮筋、打沙包、打弹珠、抽陀螺……直到天黑大人叫着，才回家吃饭。"

儿子听到这里，无比向往地对王老师说："妈妈，我也想要玩你们小时候的那些游戏！"

王老师说："好，周末妈妈就和你一起玩。"带着期待，儿子进入了甜美的梦乡。

其实，孩子的愿望竟是如此简单，当父母费尽心思地想用各种物质来弥补自己工作繁忙带给孩子的缺失时，孩子却只是希望父母能多陪他们说说话。

每个孩子都有沟通交流的需要。孩子每天都会获得很多信息，他们需要把这些信息与周围人进行交流，从而获得美好的情感体验。苏联教育家苏霍姆林斯基说过："如果学生不愿意把自己的欢乐和痛苦告诉老师，不愿意与老师坦诚相见，那么谈论任何教育总归都是可笑的，任何教育都是不可能有的。"通过和孩子聊天，父母的爱可以及时地传递给孩子，并深深地在孩子心里扎根。孩子会对父母产生沟通和交流的依赖，"亲其师，信其道"，这样对孩子的教育才会产生效果。与孩子聊天，不仅可以使孩子养成倾听与倾诉的习惯，还可以增进父母与孩子之间的感情，从而更好地发挥教育的作用。

沟通是了解孩子心理的最有效的方式。可是有一些家长总是习惯把自己的"命令、指挥、责骂、批评"看作与孩子沟通的方式。实际上，这些确实是一种沟通方式，只不过是消极的沟通方式。如果孩子长期生活在这种消极的沟通方式下，往往会关闭自己的心扉，甚至会对父母产生敌意。

16世纪，法国有一位元帅叫德·蒙吕克，他的儿子是一位正直的人，但严肃的元帅与儿子之间却缺乏沟通。

直到儿子不幸死去后，德·蒙吕克元帅才痛心地说："我有许多遗憾，其中最令我痛心的，是我觉得从未与儿子有过内心的交流。父亲的威严使我永远失去体会和了解儿子心意的机会，失去向他表示自己对他深沉的爱的机会。这个可怜的孩子在我脸上看到的只是皱紧的眉头和充满轻蔑的表情，始终认为我既不知道爱他也不知道正确评估他的才能。我心里对他怀着的这种异常的感情，还要留着让谁去发现呢？"

俗话说：子女好与坏，在于沟通和关怀。亲子关系是孩子降临到世间所建立的第一个人际关系，它对孩子的身心健康与成长十分重要。因此，要想与孩子培养亲情，使孩子真正健康快乐地成长，心灵沟通是非常必要的。

一位著名的教育家说："父母教育孩子最基本的形式，就是与孩子谈话，我深信这是世界上最好的教育。"作为家长，要想保证良好的亲子关系，就必须学会与孩子沟通。

1.每天抽出一点时间，陪孩子聊聊天

陪孩子说话聊天的时间不一定要长，但每天都要有。作为父母，了解孩子的心思，知道他的喜好、他的梦想，是一种责任，也是一种义务。

家长经常和孩子聊天，才能了解孩子内心的真实想法，把爱潜移默化地传递给孩子。如果父母不和孩子聊天，就无法了解孩子的需求。孩子小时依赖父母、很听话，稍一长大，有了自己的想法，便不愿再听父母的教导，慢慢地和父母的距离就越来越远了。所以，家长无论平时工作多忙，每天都要坚持抽出至少10分钟和孩子聊聊天。10分钟的时间虽然不长，但可以保证家长和孩子每天都有沟通，不断增进感情。

2.晚饭后多和孩子说说话

与孩子的交流，最好选择在晚饭后。因为，白天大人忙着上班，孩子忙着上学，只有晚上，全家人才能其乐融融地美餐一顿，并在餐后有充裕的时间进行交流。同孩子交流的话题可以很广泛，内容不仅局限于学校、家庭，还可以延伸到新闻事件，流行前沿；可以聊霍金，也可以聊周杰伦；可以聊经济形势，也可以聊最新赛事……但不论什么话题，都应当以孩子为主，选择一些积极的、有意义的话题。如谈谈学校里、同学间发生的事，并让他们说出自己的看法，以便提高他们的分析能力和识别能力。家长可以做一个全面正确的总结，谈出自己的看法，切记不要忙于对孩子不正确的看法加以指责，或打断，这样就会削弱他们聊天的兴趣。

另外，孩子们的好奇心都很强，渴望知道更多事情，但家长要尽量避免讲那些工作上的烦心事，尤其不要当着孩子的面发牢骚。只要家长保持耐心，善于引导，就能很好地利用晚餐后的时间，营造温馨和谐的家庭氛围。

3.掌握一定的沟通技巧

即便是沟通，倘若不能掌握一定的技巧，那沟通也不会起到什么作用。很多家长都会遇到类似的情形：有时，家长拖着疲惫的身体，努力想打起精神，准备和孩子好好地沟通，但不是被孩子三言两语打发了，就是被孩子噎得半天回不过神来，结果不但不能达到了解孩子的目的，自己还惹了一肚子气，因此逐渐丧失了和孩子谈话的兴趣，以至于父母越来越不了解孩子，越来越不知道该怎样教育孩子了。所以，做父母的要掌握与孩子交谈的技巧。

孩子需要父母的倾听

在成年人的世界里，有一种人特别受大家欢迎，他们在听对方谈话时，无论对方的地位怎样，总是细心、耐心地倾听，说者自然也就感觉畅快淋漓，受到重视。同样的道理，如果你想让孩子喜欢上你，你就要学会主动倾听。

我国教育家周弘曾说过："要想和孩子沟通，就必须学会倾听。倾听是和孩子有效沟通的前提。不会或者不知道倾听，也就不知道孩子究竟在想什么，连孩子想什么都不知道，何谈沟通？"可见，倾听是做好亲子沟通的第一步。

一个美国孩子常常想和父母说说他自己的想法，可是父母太忙，总是没有时间倾听他的诉说，所以，他给父母写了这样一封信：

我的手很小，无论做什么事，请不要要求我十全十美。我的腿很短，请慢些走，以便我能跟得上您。

我的眼睛不像您那样见过世面，请让我自己慢慢观察一切事物，并希望您不要过多地对我加以限制。

家务事是繁多的，而我的童年是短暂的，请花些时间给我讲一点世界上的奇闻，不要只把我当成取乐的玩具。

我的感情是脆弱的，请对我的反应敏感些，不要整天责骂不休。对待我应像对待您自己一样。

我需要您的鼓励，不要经常严厉地批评、威吓我。您可以批评我做错的事情，但不要责骂我本人。

请给我一些自由，让我自己去决定一些事情，允许我不成功，以便我从不成功中吸取教训，总有一天，我会自己决定自己的生活道路。

孩子也是渴望倾诉的，他们需要有人倾听他们的心声。对孩子来说，有人能倾听自己、关注自己，这是一种心理上的支持。孩子心中的烦恼就像一场暴雨后的水库，父母的倾听就像是打开了一道闸门，让孩子心中的洪水缓缓流进父母那宽阔的胸膛。

处于成长期的儿童，明辨是非的能力虽不是很强，但也有他们独特的思维方式。倾听不仅可以让父母走进孩子的内心，而且能使父母帮助孩子提高认识问题的能力。

李颖有一个11岁的女儿，母女两人感情很好，形影不离，无话不谈，让身边的邻居朋友羡慕不已。可是，只有李颖自己知道，与女儿之间的沟通，她做了多少功课，下了多少功夫。

有一段时间，李颖因为工作原因，精神状态很不好，跟女儿说话也没了耐心，更多的是指责和呵斥。比如：一天，女儿放学回家，比平时晚了一点，李颖便劈头盖脸地呵斥："去哪里了？怎么比平时晚了？"女儿说："我和小霞一起去叶子家玩了。"李颖依然不依不饶地说："我很担心你，你知不知道？以后放学就回家做功课，不许到别处！"女儿听了脸色很难看，然后不理李颖就回自己房间去了。

李颖也意识到自己说话语气和说话方式都不太合适，但觉得没什么大不了，就没怎么在意女儿的看法。后来李颖发现女儿越来越不听话，甚至不愿意跟自己多说话，每天回来就做作业，做完就睡觉。她担心女儿出了什么问题，于是去咨询家庭教育专家。专家听了李颖的情况给她开了一个"药方"：多倾听孩子的心声，与孩子交流时少说多听，并教给了她许多倾听孩子心声的技巧。

从此李颖转变了自己的态度，也不再随便对女儿的言行作价值判断；即使当孩子不同意自己的看法，她也会承认女儿想法的合理性，并积极做女儿的倾听者，母女俩的关系又回到了从前。

一天，女儿放学回来沮丧地对李颖说："妈！今天的考试我考砸了，我好难过。"李颖听了，停下手边的工作，坐下来温和地对女儿说："愿意详细地跟妈妈说说吗？"女儿看了看妈妈，点点头，然后就一五一十地把自己考试考坏的情况和妈妈讲了。李颖听后，先安慰女儿，接着和女儿一起分析了失败的原因，并和女儿制定了相应的补救措施。

和女儿分析完情况，已经是深夜了。女儿感激地看着妈妈，说："妈妈您真好！有您这样的妈妈，我太自豪了！"那一刻，李颖也感觉很幸福。

许多时候，孩子有强烈的向父母表达内心情感的渴求。其实，此时孩子所追求的并不是来自父母的指导、教诲，更不愿意听到来自父母的训斥、讥讽，而是需要有人倾听他们的诉说，有人理解他们内心的感受，所以，此时父母应采取的最好的方式就是倾听，而且是反应式的倾听，即给予及时的安抚和理解。如果做好这点，孩子一定会急切地渴望与你沟通，渴望与你分享他们内心的喜怒哀乐，并乐于接受你的引导。

1.对孩子的诉说表现出极大的耐心

在孩子诉说的过程中，家长一定要耐心，不要随意打断孩子，也不要对孩子的想法妄加评论，更不要讲道理。家长只有做到心平气和，孩子才不会抵触，才会把自己的真实想法说出来。

在和女儿的一次闲聊中，妈妈问女儿："你长大后要做什么呀？"

女儿歪着小脑袋想了好一会，然后低着头告诉妈妈："妈妈，我想做小偷。"

妈妈有些惊讶，但更多的是气愤，心想，真是个不争气的孩子，做什么不好，偏偏想要做小偷。妈妈刚想训斥她，但看她低着头的样子，强烈地想知道孩子产生这种想法的原因。于是，她控制住自己的怒气，语气温和地问孩子："能告诉妈妈你为什么想做小偷吗？"

女儿有点不好意思了，她结巴着说："我，我想偷一缕阳光送给冬天，让妈妈不受冻疮的痛苦；我想偷一片光明给盲人，让他们感受到世界的五彩缤纷……"她越说越流利，越说越激动，妈妈的眼里也含着泪光，情不自禁地为女儿鼓掌。

后来，妈妈跟别人说起这件事时，仍然很激动："当时我真的很庆幸自己多问了一个为什么，庆幸自己倾听了孩子的心声，否则我会错过诗一般美的语言，更为可怕的是，我会伤害一颗善良而又纯真的心灵。"

在倾听孩子诉说的过程中，家长要有耐心，哪怕是刚开始听到很不满的情况，或孩子是错的，也要让孩子说完，这样才能对事情的原委做出正确的判断和评价。话只听半截，很可能会曲解孩子的真实想法和做法。所以说，只有学会倾听和认同孩子的感受，让孩子有诉说的机会，父母才能更多地了解孩子，并对孩子不正确的思想与做法及时进行纠正与引导。

2.对孩子的谈话表现出兴趣

莉莉兴奋地从房间跑出来："妈妈，妈妈，您看，这是我做的手工作品！”

妈妈从洗碗槽前低下头看看孩子手上的作品，回过头，继续忙手上的活儿，说："嗯！做得真好，真漂亮，莉莉真是太能干了！"

莉莉继续兴奋并骄傲地说："妈妈，妈妈，您看，我做的这个房子会活动！"

妈妈继续忙着手中的工作："嗯！真好看！"

莉莉觉察到了妈妈的不在意，噘着嘴说："妈妈，您都没有注意听我说话，您是在敷衍我！"

假如你对孩子以及孩子的谈话内容表现出非常浓厚的兴趣，你不仅拉近了与孩子之间的距离，而且会使他们感到自己是重要的。如果孩子觉察出你对他的谈话没有兴趣，他便很难有兴趣把自己的真实想法告诉你。所以，在倾听孩子说话时，应集中精力、端正态度、全神贯注，尽量注视孩子的眼睛，不要做看手表、抠耳朵、打哈欠等影响孩子情绪的动作，让孩子觉得你心不在焉。

父母要学会适当地闭嘴

在家庭教育中，有一种常见的现象：那就是父母对孩子不断地叮嘱，不断地提醒，不断地督促。这种唠叨，本意是对孩子的成长进行督促，其实这也是一种变相的施压，利用孩子的弱点和父母的权威对孩子施加无形的压力，往往收效甚微，甚至适得其反，使孩子产生厌烦情绪。

一个14岁的女孩讲述了一件发生在她身上的事情：

小时候，我对学习非常感兴趣，成绩也不错，可不知道从什么时候开始，我对课外书产生了兴趣，学习成绩也就慢慢下降了。放学回家，我迫不及待地拿出《故事会》或者《少年文艺》，还有各种各样的作文选。我当然觉得非常内疚，因为作业还没有完成。我决定看完一篇最放不下的文章就写作业。这时妈妈过来了，一看见我手上的课外书，就有些生气地说："还看，还看，还不写作业！"我赶紧心虚地回答："看完这篇就写，也就10分钟。""10分钟，这可是你说的。"妈妈离开不到3分钟就又过来了，说："看完了吗？不快点写作业，又要写到晚上12点了。"我没有理她，继续看我的书，心里有些厌烦。我听见妈妈继续在客厅里抱怨："人家的孩子都是一回家就写作业，你可好，拿着课外书瞎看，作业写到深夜，时间不够了就胡乱应付，成绩当然好不了。"我越来越烦，想想也是，成绩一直在下降，作业又难做，写起来很费劲，真泄气！妈妈还在旁边唠叨，书也看不下去了，我开始写作业，还没到10分钟，我就写不下去了。偷偷拿出那本书，提心吊胆地又看起来……当然，我又挨了一顿说，结果是到了12点，作业依然没有完成。

从这个例子中看出：母女沟通失败的关键就在于母亲的唠叨。对一件事情，有时父母会重复好几次，特别是做母亲的，唯恐孩子不明白，不按自己的意思去做，这就是人们常说的"唠叨"。对于大部分的孩子来说，他们所不愿听的、反感的，正是父母的唠叨。他们越不愿听，做父母的就越不放心，反而加倍地唠叨起来，这就形成了恶性循环。这种把嘴巴紧紧"叮"在孩子身上的情况，在家庭生活中特别普遍。如果父母总是喋喋不休地唠叨，孩子会将此视为不信任，甚至产生逆反心理。所以，唠叨不能达到教育的目的。

唠叨就是永远一个标准，一种腔调，在孩子身上翻来覆去地重复那几句话，老调重弹，会让人产生一种习惯性的模糊听觉，也就是明明在听，却根本听不到心里去。所以，做父母的，不要老是怪孩子不听话，也该静下心来想想，是不是自己过于唠叨了。

有一位母亲怕孩子不用心学习，不仅在家从早到晚提醒孩子要学习，而且和孩子一起上街时也不忘随时随地进行现场教育。看见扫大街的环卫工人，告诉孩子你将来不好好学习就连这样的工作都找不着，打扫厕所也要用机器，你也干不了；看见乞讨的，告诉孩子你不好好学习，将来也会这样。害得孩子以后不愿再与她一同上街，而且越来越自卑。本想主动学习，却被母亲说得越来越不想学习。

每一个家长都是爱孩子的，每一个家长对于孩子的成长、教育都付出了巨大的努力。但是由于无休止的唠叨，使得自己的教育不仅没有效果反而产生了负面效应，引起了孩子的反感，这样的事情是可悲的。

家庭教育是一门科学，无休止的唠叨只会增添孩子的反感和逆反心理，父母只有设身处地为孩子着想，与孩子心平气和地交流，才会成为孩子最喜欢的人。

1. 保持冷静和理智

很多父母对孩子不满意时，就爱不停地唠叨。其实孩子非常讨厌家长唠叨。作为父母，任何时候都要保持理智和冷静。如果实在控制不了自己想唠叨的欲望，就替孩子想想，他们需要的是民主、开明的父母，而不是时刻唠叨的话筒。

2.就事论事，不翻旧账

当孩子犯错误时，不少父母总是喜欢翻孩子旧账，陈芝麻烂谷子的事都会翻出来说个没完。说得越多也就越唠叨。其实，孩子在生活中犯一些错误是正常的事，犯错误是孩子的权利，孩子就是在不断地改正错误的过程中成长起来的。对于孩子犯的错误，家长应当就事论事，犯什么错就说什么错，哪次犯的错就说哪次的错，翻旧账只能让孩子觉得你太烦人、太唠叨。

3.变唠叨为交流

唠叨，其实是不懂交流的表现。因此，父母就要改变与孩子说话的方式，注意和孩子的情感交流。和孩子交流时，我们要顾及孩子的感受，多听他的想法，让他感觉到我们是与他在一起的，是相信他、支持他的，是真心为他着想的。我们要充满爱心、保持一种亲切感，态度和蔼，应在孩子情绪最为平稳的时候和他交流。

4.说话尽量简单明了

父母教育孩子时，话不要多说，说一两遍就够。语气要坚决，声音要洪亮，点到为止，如果孩子不听，就采取行动。比如，限制孩子看电视，你可以先和孩子约定时间，告诉他，时间到了就不许再看了。"我只说一遍，不然采取行动"。这样，等孩子看了一段时间后，你就走过来提醒："你看，时间到了"。如果孩子自觉关机最好，如果说了没听，家长可以说，"刚才我说了，我只说一遍，说了一遍没反应，对不起，我要替你关机了。"这样的处理方式比较容易让孩子接受。会形成孩子的自觉性，并能锻炼孩子的控制力。

父母要站在孩子的角度考虑问题

在教育孩子时，父母最不容易做到的，就是站到孩子的角度看待和处理孩子遇到的问题，而这一点恰恰是教育孩子的一个基本原则。美国教育家塞勒·赛维若说过这样一句话："每个人观察、认识问题，都会有自己的视角和立足点。身份、地位不同，所得出的结论就不同。父母与子女间年龄悬殊、身份各异是影响相互沟通的重要原因。若父母能站在孩子的立场上思考，一切将迎刃而解。"

有个幼儿园老师要求小朋友画自己妈妈的脸，绝大部分小朋友都把自己的妈妈画得特别漂亮，结果有一个小女孩儿只画了一条弯弯的线。老师觉得非常奇怪，便告诉了她的妈妈。她的妈妈也觉得很疑惑，便问她的宝贝，可她的宝贝坚持说她画的妈妈就是这样，她妈妈心里非常不解，以为这个孩子智力有问题。直到有一天，她蹲下来帮她宝贝系鞋带的时候，抬头看她的孩子才恍然大悟，原来每次她的孩子抬起头看到她的时候，最容易看到的是妈妈的下巴，所以那一道弯弯的线就是妈妈的下巴。其实这个孩子画出来的是最真实的，而这个困惑只有当我们站到孩子的角度来看时才能找到答案。

成人总是会将自己的想法和经验强加在孩子身上，觉得孩子的想法和自己是一样的。而现实是，父母觉得开心的事情，未必能让孩子感到开心，父母喜欢的场合和东西，孩子不一定也喜欢。

因为他们看问题的角度和高度不同。父母总认为自己是正确的，一切都是为了孩子好，所以，总是用自己的想法去替代孩子的想法。父母不知道孩子内心的想法，不了解孩子究竟想要什么。其实，父母所给的，不一定就是孩子想要的。

生活中，有些父母抱怨无法和孩子进行有效的沟通，其实主要原因是父母不能站在孩子的角度上看待问题。

一位教授给正在攻读医学和理学双博士学位的女儿的一封信中这样写道：

"总结我几十年的人生哲理，'假如我是他'是一种很好的自我学习和锻炼的方式。你可以用这种方式试试当教授、当校长，还可以试试当议员、当总统。这是你的自由和权利，也是自我培养、自我提高的有效手段。"

这位教授的女儿在美国求学多年，处事方式西方化，但思维方式从小受父母的影响，又颇具东方色彩。她对采访的记者说："吃什么，穿什么，今天冷不冷，要不要添衣服，我从小就懂，爸妈不用操心，也不用唠叨。但遇大事情，例如读什么学校，选什么专业，我会主动找爸妈商量，听他们的意见。"

她在美国攻读博士学位期间，决定休学两年，回国内乐坛发展。而对这种情况，大多数父母或许会强行干涉，竭力阻止，可教授依然以"假如我是她"的哲理来处理，他认为女儿半夜会起来作曲，说明她有艺术灵感，有艺术创作能力，作为父母绝不该强行干涉，扑灭她的创作火花。家长意志往往会抹杀女儿的创造精神，会不自觉地将儿女引入歧途。平时，这位教授从不强行要求女儿去做什么，想什么，只是根据自己成长的经验，给她一些指导。因此，他很尊重女儿的选择。事实证明，艺术与科学是相互沟通、相得益彰的。这两年，女儿在国内成功地举办了多场个人演唱会，录制了歌曲专辑，拍过音乐电视，还荣获了两次中央电视台MTV大赛特别荣誉奖……

可以说，正是"假如我是他"的思维法宝，使这位教授将女儿推上了成功人生的康庄大道。

站在孩子的角度，是对孩子的尊重，是一种有效沟通的重要技巧。作为父母应该学会换位思考的方法和技巧，当孩子遇到问题时，能够迅速以孩子的位置和角度来看待问题，分析问题，这样做才能有效地解决问题。不仅如此，换位思考，还是一种了解孩子真实想法，快速拉近和孩子心灵距离的有效方法。

1.学会换位思考

　　期末考试结束了，李丽取得了全班第一的好成绩，她回家后把这个喜讯告诉了妈妈。偏偏这天妈妈正为工作上的事情烦恼，又在厨房忙着做饭，所以根本没有心情分享女儿的喜讯，而是说："去去去，一边待着去，别来烦我！"

　　听了妈妈的话，李丽的心情糟糕透了，她默默地走进自己的房间。

　　爸爸下班回来后，看到女儿闷闷不乐，就问："怎么了，我的小公主？"

　　李丽将事情的原委告诉了爸爸。爸爸拉着她的小手，说："你妈妈真是太不像话了，工作不顺心很正常嘛，干吗要对我们的女儿乱发脾气，咱们也不理她……"

　　爸爸还想说什么，这时女儿说："爸爸，我知道妈妈心情不好，她也是在为咱们的生活着想。"

　　爸爸听了这话，开心地笑着说："女儿真懂事。其实妈妈挺不容易的，咱们是不是应该让她三分？"女儿点点头。

　　爸爸接着说："她是你妈妈，长你一辈，你是不是应该尊她三分？"女儿再一次点头。

　　爸爸又说："她一直为咱们全家做饭、洗衣服，可辛苦了，你是不是应该敬她三分？"女儿再一次点头。

　　说到这里，爸爸看着女儿："如果妈妈向你道歉，你是不是能原谅她呢？"这时在门外站了很久的妈妈进来了，她诚恳地向女儿说了句"对不起"。

事例中的这位爸爸是睿智的，他从女儿的角度出发，考虑到女儿的感受，自然与女儿的沟通就比较顺利了。

站在不同的角度就有不同的立场，处于不同的立场就会产生不同的观念。作为父母应该学会换位思考，当孩子遇到问题和烦恼时，能够迅速以孩子的角度来看待问题，分析问题，这样才能有效地解决问题。换位思考是一种快速拉近和孩子心灵距离的有效方法。

2.放弃对孩子的成见

很多时候，父母和孩子的立场、观点、价值观都迥然不同。父母的思想带有自己时代的印迹，而孩子的思想则是新时代的体现，要想理解孩子，父母还必须将自己的观点和价值观放在一旁，去理解这些恼人行为对孩子的意义和价值。只有理解了这些，才能真正"把"到孩子的"脉"。

丹丹的妈妈对她要求严格，常对她的行为加以指责，可是却忽略了丹丹只是个小学三年级的孩子。别的妈妈都会耐心告诉孩子，遇到什么样的情况要怎么做，但是丹丹的妈妈却觉得孩子应该都知道。

学校组织亲子活动，要求每位妈妈配合孩子完成一些游戏，可是丹丹的妈妈不仅不配合，还抱怨孩子太笨了，连这点小事都做不好。平时，一旦孩子没有做好什么事儿，或者没有达到妈妈的期望，妈妈就会批评她。久而久之，丹丹变得沉默寡言，很不自信。

很多家长不明白，大人的世界是大人的世界，孩子的世界是孩子的世界，这两个世界是不一样的。如果父母硬要用对大人的要求来对待孩子，势必会发生许多亲子关系上的不愉快。

其实，要使双方能有良好的沟通也很简单，那就是家长学会放弃自己的成见，从孩子的角度思考。如果父母不顾及孩子的想法，沟通只能是停滞状态。

3.不要把自己的意愿强加给孩子

妈妈一直想让女儿成为出色的舞蹈演员，她觉得那样孩子会很风光，自己也会感到很光荣，于是，在没有征求孩子意见的情况下，她就为女儿报了舞蹈培训班。

为此，女儿没有了和伙伴们一起玩耍的时间，还被妈妈的期望压得喘不过气来。有一天，女儿突然累倒在舞蹈培训班上，妈妈这才意识到自己教育方法的失误。

于是，妈妈不再将自己的意愿强加到孩子身上，而是还给了孩子自由，让孩子享受本该属于她的快乐童年。而女儿也没有让妈妈失望，学习成绩不断上升，还被评为了"学习标兵"。

父母出于自己的主观愿望，把自己的兴趣和意愿强加给孩子。这样做是不正确的，不仅事倍功半，还会导致孩子产生抵触情绪，伤害亲子之间的感情。

父母在引导孩子的兴趣与发展方向时，要懂得一些孩子的心理，不要干涉太多或表现得过于热衷和偏执，不要使孩子感到是来自父母的强迫，因而产生抵触情绪。父母要站在孩子的角度，分析孩子的特点和兴趣，结合孩子的实际，找到适合孩子成长成才之路。

孩子渴望平等的交流

人与人之间需要在思想上、感情上有平等的交流，每一个成长中的孩子，即使是刚刚学步的孩子，也都有这种渴求。要做到平等地对待孩子，家长首先就要抛弃那种居高临下与孩子谈话的姿态，蹲下身子，以平等的态度对待孩子。如果家长与孩子谈话时总是居高临下，孩子就会有一种压迫感，即使有心里话也不愿意跟家长讲。相反，家长如果能蹲下来，不仅拉近了与孩子的距离，而且能使孩子体验到被重视的感觉，心里话又怎能不愿意向家长倾诉呢？

好的父母往往懂得低下身子，以同样的高度来和自己的子女交流，以平等的姿态倾听孩子的心声，让孩子感受到父母和他们之间的关系是平等和亲密的。

很多时候，放下架子蹲下身来，父母就能与孩子架起平等交流的桥梁。当孩子有疑虑有烦恼时，开心或不开心时，他都会乐于向你倾诉，因为你蹲下身来让孩子意识到自己同成年人是平等的，是受到尊重的，这样更容易形成和谐美满的亲子交流，孩子自然也会在这种有效的教育中健康地成长。

一位中国的教师去澳大利亚做访问学者，其间有一件事情给她留下了深刻的印象。

一次，她去一位好朋友家里做客，正逢周末，好朋友邀请了隔壁邻居来家里共进晚餐。那是一对澳大利亚籍的年轻夫妇，还有两个金发碧眼的小朋友，分别是4岁的儿子约翰和7岁的女儿罗娜。小约翰非常淘气可爱，不一会儿就吃饱了，便离开饭桌要去玩耍。只见那位年轻的妈妈蹲下来，拉着约翰的小手说："约翰，吃完饭了才可以去玩，你吃好饭了，是吗？"约翰点了点头说是。"约翰真听话，好吧，去玩会吧。但别跑太远了。"约翰听完，高高兴兴地跑出去玩了。

这是那位中国教师第一次见到父母蹲下来与孩子说话，所以非常惊讶，印象也比较深刻。

第二天，天气非常好，好朋友一家准备去购物，然后去公园游玩，便又约了那位邻居妈妈同去。那位中国教师再一次见到了那动人的情景：大家准备开车去超市购物，约翰因为姐姐罗娜先坐进了汽车，感到非常不高兴，站在车门那里发脾气。妈妈来到约翰跟前，蹲了下来，握住约翰的两只手，正视着孩子的眼睛，诚恳地说："约翰，谁先坐进汽车并不重要，对吗？快上车，做一个听妈妈话的男子汉。"约翰会意地点点头，紧挨着姐姐坐进了车里。

大家在超市里买完东西，来到公园游玩。约翰和姐姐罗娜十分高兴，蹦蹦跳跳地走在前面。光顾着与姐姐玩耍的约翰，一不小心，不知被什么东西绊了下，突然摔倒在地。大家的心一下揪紧了。

还好，并无大碍。坚强的约翰自己从地上爬了起来。看得出来，这一跤摔得挺狠，他快要哭了，眼泪就要跑出来了。

这时，年轻的妈妈跑了过去，蹲下来，用鼓励和关爱的眼神望着约翰说："约翰，绊一下没什么大不了的，你是个小男子汉，不能哭，对吗？"听妈妈这么一说，约翰马上收住了即将掉出来的眼泪，挺起胸膛，摆出一副坚强的模样去玩了。

蹲下身子与孩子说话，这不仅是位置和角度与他们一致，更是一种思想、观念的"放低"，父母蹲下来同孩子在同一个高度上谈话，同孩子脸对脸、目光对视着谈话，体现了对孩子的尊重，体现了成人认真又亲切的态度。这样的父母才更能让孩子接受，孩子也会乐意听大人的话。

美国精神病学家威廉·哥德法勃曾经说过："教育孩子最重要的是要把孩子当成与自己平等的人，给他们无限的关爱。"每一个父母都应该记住，在和孩子说话时，请收起居高临下的态度，温柔地蹲下来与孩子敞开心扉探讨，这才是与孩子交流的最佳姿态。

1.摒弃居高临下的姿态

在教育孩子时，很多父母总是习惯站着说话，对孩子发号施令，把自己的主观意愿强加到孩子身上，而很少考虑孩子内心的真实想法。当自己的愿望与孩子的想法发生碰撞时，家长总会强制孩子按自己的意愿行事，很少考虑孩子的感受。家长以这种居高临下的姿态来关心孩子，往往会适得其反。

赵女士搬了新家，看着刚装修好的新房，心里别提有多高兴了。晚上，她和老公都要加班，只好让女儿自己在家。

可是当她回到家后，却发现洁白的墙壁被女儿画得乱七八糟，还写上了"爸爸妈妈我爱你们！"几个大字，她正想批评女儿，女儿兴奋地跑过来对她说："妈妈，您看我画得好吗？"

一瞬间，赵女士放弃了居高临下训斥女儿的想法，蹲下来，和蔼地对女儿说："你画得非常好，谢谢你。爸爸妈妈也同样爱你。不过，你看这洁白的墙壁，被你画上了画，写上了字，就像别人在你白白的小脸上写字一样，你会高兴吗？所以说墙壁也会十分难受的。以后记住不要在墙上画画，应该在纸上画，最好是在自己的图画本上画，那样多好啊。"

女儿看看被自己画得乱七八糟的墙壁，又摸摸自己的脸，羞愧地对妈妈说："妈妈我错了。""嗯，这才是妈妈的乖宝贝。我知道你不是故意的，所以妈妈不怪你。不过星期天要和爸爸妈妈一起给墙壁'洗脸'，好吗？""好啊，我要给墙壁'洗脸'，让它干干净净的。"女儿拍着小手说。

长期以来，父母习惯于居高临下，高高在上，总认为自己句句是真理，认为孩子的大脑里一片空白，什么都不懂，任凭父母指挥。但事实上，孩子也应该有自己的想法，得到人格和尊严上的平等。他们希望父母能够给予他们同成人一样的尊重和平等。父母只有平等地对待孩子，走进孩子的心灵，做孩子心灵上的朋友，用童心对童心，与孩子平等交流和对话，孩子才有可能感受到平等和尊重，才会听父母的话。

2. 与孩子平等交流

美国家庭教育专家斯蒂文说："成功的家庭教育，是家长舍得拿出时间与孩子在一起，以一种平等的态度与孩子交流，对孩子正确的想法和行为给予充分的肯定。"的确，父母只有放下架子，尊重孩子，以平等的身份对待孩子，才能与孩子建立相互之间的信任，成为孩子的知心朋友。

　　顾晓岩放学后很不高兴，向妈妈抱怨老师当着全班同学的面大声地批评她。妈妈听完，根本不考虑孩子言语中的委屈，用质问的语气说："老师为什么要批评你？你干什么坏事了？"顾晓岩听到妈妈这样说，瞪着妈妈，很生气地说："我什么也没干，是老师没事找事。""不会吧，老师不会无缘无故地斥责学生。再说，老师怎么不去批评别人？偏偏批评的是你？"

　　顾晓岩重重地坐在椅子上，更加不开心了。妈妈继续问道："那么这个问题，你打算如何处理呢？"顾晓岩很倔强地说了一句："什么也不做！我真后悔跟你说这件事情！"妈妈意识到情况不妙，如果继续问下去，女儿一定会和她对立起来，这样什么问题也解决不了。

　　这时，妈妈改变了她的态度，平复了自己的情绪，用一种友好的语气对女儿说："我想你当时是很尴尬的，因为老师当着全班那么多同学的面儿批评你，让你无地自容。"顾晓岩没有想到妈妈的态度突然会改变，有些怀疑地看了妈妈一眼，妈妈接着讲："其实类似的事情我也遇到过。记得我念小学五年级的时候，在考场上，我的铅笔用完了，我站起来向同学借了一支铅笔，老师大声地批评了我，让我感到十分尴尬，也很气愤。和你这次的感觉一样。"

　　顾晓岩开始轻松了，也对妈妈的事情感兴趣了，并打开了话匣子："真的？和我的情况几乎一样啊！我也只是在上课时借一支铅笔，因为我的铅笔不够用了。而且我借铅笔的时候小心翼翼，没有打扰别的同学。我觉得老师为这么简单的事情教训我，真是太不公平了！""是这样。现在咱们来考虑以后怎样去避免这种情况。你能不能想个办法，避免这种尴尬的局面再次发生呢？""我可以多准备一支铅笔；或者向老师说出我的问题，让老师帮忙解决，就可以避免这种情况了……""这个主意不错。"妈妈和顾晓岩愉快地交谈着。

从上面的事例可以看出，和孩子沟通，家长必须放下身段，放下架子，只有掌握与孩子交谈的艺术，做孩子的朋友，才能使两代人做到真正意义上的沟通。

听懂孩子的弦外之音

"我是你的孩子，所以你要理解我所说的话。请不要笑，这不是让你笑的，而是让你听懂的，否则我不原谅你。"说这话的是一个还在上幼儿园的小孩子。

这个小孩的话启发了父母要在日常生活中学会听懂孩子的话，明白孩子的真实意图。然而，生活中，很多父母往往只注意到孩子语言或行为的表层意思，而忽略了那些隐含在言语之外的真实意图。

林凡：妈妈，明天你干什么？

母亲：我要去一个人的家，有点事。

听了妈妈的回答，林凡闷闷不乐，觉得妈妈不关心他。但林凡不死心，还想再试探一下。

林凡：大概要去多少时间？

母亲：不知道。去了再说吧。

本来林凡明天想和妈妈一起去打乒乓球，现在却不想开口了。而妈妈呢，她一点儿也没搞清楚女儿为什么会闷闷不乐，其实她是很乐意与女儿一起玩的。母女二人的交流让大家都觉得非常扫兴。

这个例子说明，由于妈妈没有听出女儿的弦外之音，别有所求，所以没有做出适当回应。结果，妈妈被女儿误会了，女儿以为妈妈是不会和自己去打乒乓球的，而妈妈却一点都不知道她什么地方做错了。

其实，沟通就是不断消除误会的过程。听懂孩子的弦外之音，可以增进感情，利于沟通。父母们应学会倾听，倾听孩子的话语，倾听孩子的心声，了解他们的真实想法。

10岁的玲玲问妈妈："妈妈，我们国家一共有多少父母离婚？"妈妈很奇怪，不理解女儿为什么会对这样复杂的社会问题感兴趣。但是她还是耐心地就这个问题做出回答，然后又去查了数据。但是玲玲还是不满意，继续问同样的问题："在全世界有多少父母离婚了？在我们这个城市呢？他们的孩子都被抛弃了是吗？"

此时，妈妈终于明白了，原来玲玲并不是关心"离婚"这个社会问题，她只是想知道父母离婚后，孩子是不是都被抛弃了，或者说她想知道自己的父母是不是有可能离婚，自己是不是有可能被抛弃。

妈妈很认真地回答她说："玲玲，你的父母感情很好，我和你爸爸是不会离婚的。即便有一天，爸爸妈妈真的离婚了，我们也仍然是你的父母，我们都非常爱你，永远不会抛弃你。那你能不能告诉妈妈，你为什么会想到这个问题呢？"

原来，玲玲的班级里有个女同学的父母刚刚离婚了，这个同学说爸爸妈妈总是吵架，都不要她了。玲玲突然想起几天前爸爸和妈妈也争吵过一次，因此才会有这样的担心。

妈妈知道后，马上告诉了玲玲爸妈吵架的前因后果，并解释说她和爸爸争吵是因为某些事情上有分歧，而非出于感情问题，爸爸妈妈的感情很好。玲玲这才放下心来。

英国教育理论家斯宾塞说过："细心的父母可以发现孩子微妙的变化，弄清没有明说的思想感情，这里所需要的技巧是及时抓住孩子隐藏在内心的思想感情中微小、微妙的线索。"

当孩子向你提问的时候，一定要了解孩子内心真实的想法。有时候，孩子的真实想法并不是直接表达出来的，很多时候它是隐藏在问题下面的，这时，需要父母了解孩子的真实想法，然后有针对性地回答孩子的问题。

其实，小孩子的心思也很细腻，父母可不能小瞧孩子灵巧缜密的内心。学会听懂孩子的"潜台词"，这样才能更好地了解孩子的内心想法，才能和孩子更好地沟通，也才能让孩子知道父母是懂他的、理解他的，孩子才会觉得自己得到了父母的认同，才能更加信任依赖自己的父母。

1.用心去倾听孩子的心声

很多时候，孩子们经常是话里有话，我们不仅要具备敏锐的观察力，捕捉来自孩子的各种信息，还要注意倾听孩子、读懂孩子的潜台词，做个有心人。

在《清华男孩章启轩》一书中，章启轩的母亲有这样一段描述：

有一件事我印象特别深。那几天儿子很兴奋，因为学校里正筹备艺术节。儿子是个外向的孩子，每次吃晚饭时都要和我们说好多班里的新鲜事，他说艺术节有一个花展，他们班负责拿花，是那种盆花，他向老师报名要拿一盆菊花。虽然他跟我说了两次，并一再叮嘱，可我还是忘了去市场买花，那天我母亲病了，我一下班急着去看我母亲。我儿子哭了，很伤心。我一再安慰他，并给老师写了信，解释原因，可他还是很伤心。那两天，他在吃晚饭时话都很少。第三天晚上他很认真地对我说："妈妈，下次再有这样的事，您一定要写下来，那样您就不会忘了，就像我记作业那样。"他只有9岁，我忽然觉得自己是个失职的母亲。

从那件事之后，我忽然意识到了：我和儿子需要进一步的交流，因为孩子能够自己解决的问题毕竟有限，更多的时候他需要家长的支持和帮助。过度放权会让孩子误以为我们对他漠不关心，这不仅会影响到孩子的学习，而且更重要的是会僵化我们两代人之间的交流。

学校里少了一盆花照样美丽，但孩子少献了这一盆花就少了一次得到爱的机会。也许我当时只懂得了"倾听"，还未掌握倾听的艺术，未能选择出需要关注和解决的问题。然而亲子之间的交流应从倾听开始，倾听才是爱的表现。

父母要用心去倾听孩子的心声，才能完整地理解孩子的真实想法。在平时的生活中，父母应增加对孩子的关注度，细致地观察孩子，明白孩子对家长的暗示。

2.耐心听孩子把话说完

在家庭教育中，父母应听懂孩子的弦外之音，才能明白孩子的真实意图。而许多父母老是在那里自以为是地评价，孩子的话就总是被打断，使孩子根本无法完整地表达一件事。

老师发现天天最近变了，以前活泼开朗、上课积极发言的他，现在变得沉默寡言，总是一个人发呆，学习成绩也下降了。老师通过了解，才知道了天天不爱说话的原因。天天以前每天放学回家后，都会把学校发生的趣事说给父母听，可天天的爸爸是个对孩子要求非常严格的人，他把全部希望都寄托在天天身上，希望天天将来能考上重点大学、出人头地，因此，对天天的学习抓得特别紧。他觉得天天说这些话都没用，简直是浪费时间，因此每当天天兴高采烈地说话时，爸爸总是会打断他："整天只会说这些废话，一点用也没有，你把这心思放在学习上多好，快去做作业！"有一次，天天说班里发生的一件事，正说得兴高采烈时，爸爸说："说了你多少次了，让你别说这些废话，你还说，再记不住，看我不打你！"吓得天天一个字也不敢说，赶紧回到自己房间里去了。慢慢地，天天在家里话越来越少了，每天放学后他便闷在自己的房间里。

　　孩子的视角与成人不同，生活中的一些小问题在他们看来都很有趣，他们经常会津津有味地向大人讲述自己的发现和感想。如果孩子的话总是被大人打断，就会使孩子产生不被尊重、不被信任、不被理解的心理，进而委屈沮丧。因此，在任何时候、任何情况下，家长都应尽力听孩子把一件事情的前因后果讲完。

第二章

规范引导，
消除孩子内心的阴影

每个孩子都是父母的希望，每个父母也都希望自己的孩子能够成为有用之才，不过，孩子在成长过程中，一定会面对很多问题，导致消极情绪的产生。对此，家长如果能够正确处理，就可以使孩子健康发展；否则，就会产生持续的不良影响，甚至导致心理障碍。孩子有不良的心理对其学习和生活会有很大的影响。所以，用心的家长应帮助孩子学会自我心理调控，消除不良心理，迎接挑战。

纠正孩子的忌妒心理

忌妒是一种原始的情感，它是对别人在品德、能力等方面胜过自己而产生的一种不满和怨恨，是一种被扭曲了的情感。这种缺点如果保留到长大以后，那么孩子很难协调与他人的关系，很难在生活中保持心情舒畅，因为忌妒心理强的人，别人的成功和他自己的失败，都会给他带来痛苦，平添不少烦恼。

现代社会，家长对子女的期望越来越高，孩子在竞争的环境里，学习压力越来越大。加上独生子女多有表现自我、突出自我的性格特点，这种竞争有时就会演变成忌妒。一个人如果有这种情感，就等于给自己的心灵播下了失败的种子。

发生在美国的中国留学生枪杀美国导师的"卢刚事件"，可能大家并不陌生。卢刚的学习成绩一直非常优秀，据说他的博士资格考试成绩创下了艾奥瓦大学的纪录。

就是这样一位优秀的学生，他的行为却让人感到震惊。

一天下午，在美国艾奥瓦大学的物理大楼三层309室，几个教授和研究生正在进行有关天体物理的讨论。3点30分左右，一直参加讨论的中国留学生卢刚突然从口袋里掏出一把手枪，首先对准自己的导师戈尔咨开了一枪，戈尔咨教授应声倒下。接着卢刚又不慌不忙地对准旁边的博士研究生导师助理史密斯副教授开了两枪，史密斯副教授也倒在血泊里。而后，卢刚又把枪对准了自己的同学山林华，冲他开了一枪。当教室里的其他同学被吓得目瞪口呆、惊慌失措的时候，卢刚匆匆跑到系办公室，一枪击毙了系主任；然后又走进行政大楼，向副校长及学生秘书开了一枪。最后他把枪对准了自己。

卢刚的这次行动，显然是精心策划的。然而他作案的动机，竟让人难以置信。他认为戈尔咨教授在毕业论文答辩时有意刁难他，致使他没有取得博士学位；另一个原因是，晚来一年的山林华不仅受到教授的青睐，而且还比他早拿到博士学位。一句话，是忌妒心的恶性发展导致了这场悲剧。

透视这个案件，我们不难发现，忌妒是一把双刃剑——当忌妒之火烧去理智时，害人者在伤害他人的同时，也极大地伤害了自己。

忌妒是孩子成长过程中一个不容回避的问题，它并不可怕，关键在于如何战胜它。生活中，父母要对孩子的忌妒心理给予关注，平时要细心观察了解，关心他们的心结所在，一旦发现忌妒心态的萌发，就应该及时地加以正确引导、制止和纠正，使孩子能够朝着健康的方向发展，在以后的人生道路上成为真正的强者！

1. 让孩子认识到忌妒的危害

作为父母，要扮演老师的身份，用合理而又权威的语言让孩子明白忌妒是一种负面情绪。忌妒有两方面危害：（1）破坏人际关系的和谐。当一个人忌妒另一个人的时候，就不会对那个人友善、热情，两个人的关系会变得冷淡。忌妒的对象越多，关系冷淡的对象越多，这就给人际交往带来极大的危害。（2）造成个人内心痛苦。一个忌妒心强的人，常常陷入苦恼之中不能自拔。时间长了会产生自卑，甚至可能采取不正当的手段去伤害别人，使自己陷入更恶劣的处境之中。

2.引导孩子向别人的长处学习

一定要让孩子知道每个人都有自己的优势和长处，但同时也都有各自的不足和短处，一个人在任何方面都比别人强是不可能的，同时也是没有必要的。家长要引导孩子发现自己的闪光之处，凡事都往好的方面想，乐观地面对一切。

当孩子对某一个同学产生忌妒心的时候，便会对这个同学充满莫名的愤恨，甚至会通过一些不当的方式来发泄。这时，父母要帮助孩子冷静下来，用平和的心态帮孩子分析别人为什么会比自己强，找一找别人成功的原因是什么，从而发现其中值得自己借鉴的方式方法。告诉孩子要把对方的长处学到手，这样你也能不断进步，取得成功。同时还可以启发孩子与自己忌妒的同学交朋友，消除妒意。

3.不要对孩子做不恰当的比较

每个孩子都有自己的特点，对不同的孩子做同样的对比，显然是不公道的。既然忌妒来自不如别人的感伤，那么对比中的不当只能点燃孩子心中的忌妒之火。

有一次，琪琪的妈妈跟一位阿姨说，邻家女孩的卷发很可爱，可惜自己女儿的头发却是直的。没想到，第二天，琪琪就要求妈妈带自己去美发厅把头发烫成卷发。琪琪妈妈一下子就意识到是自己的评价引发了女儿的忌妒心理，从此之后，她再也没有评价过女儿的头发，也不再拿女儿和别的孩子做无意义的比较了。

可见，当家长拿孩子与他人比较时，孩子就会将怨恨的情绪转移到对方的身上，这时，就会产生忌妒的心理。所以，家长要理解孩子这一心理特点，不要轻易拿孩子和别人比较，更不要用挖苦的语气，拿别人的长处来贬低自己的孩子。

4.引导孩子树立正确的竞争意识

有忌妒心的孩子往往有某方面的才干，争强好胜，却又自私狭隘。父母可以充分利用其争强好胜的特点，激发孩子把忌妒转化为竞争意识，使孩子在赶超先进中调整自己的行为，增强适应社会环境的能力，从而将压力转变为动力，超越忌妒。为此，我们可以告诉孩子，别人领先获胜后，自己要做的事情不是生气，而是应该激发起自己的斗志，敢于和对方展开竞赛。这次你获胜了，下次我要通过努力超过你，和你比一比。同时家长还要告诉孩子，别的孩子获得成功了，肯定有许多优点值得你去向他学习，你要把对方的长处学到手，这样你才能不断进步，取得成功。

教孩子学会分享

生活中，我们经常会听到有父母抱怨自己的孩子以自我为中心，非常自私，时常听到孩子说"这个凳子是我的""我要一个人玩汽车"，或者每次吃饭时，都把喜欢的菜拿到自己面前，不许其他家庭成员夹菜，还会把自己不喜欢吃的菜"很大方"地给爸爸妈妈……

何斌是家里的独生子，深受父母、爷爷奶奶的疼爱。家里所有的人都会把好吃的、好用的留给何斌，何斌逐渐变得很"独"。

有一次，何斌的父亲晚上要加班赶稿子，顺手拿起何斌的咖啡冲了一杯。这些咖啡是何斌的爷爷给何斌买的，因为何斌现在面临中考，经常熬夜，所以爷爷买来给他提神用。

然而，何斌看到父亲动了自己的咖啡后就不愿意了，说那是爷爷给他买的，只有他自己可以喝，甚至伸手要到父亲手里去抢。何斌的母亲跑过来，连劝带哄，表示第二天一定会给他买更多的咖啡，这样何斌才作罢。

何斌不只是对吃的"独"，对于用的也一样。他的东西更是丝毫不让别人碰。何斌和同学到老师家里补习英语，同学看见何斌的"文曲星"非常好，便忍不住用手去摸摸，并且对何斌说："你的'文曲星'很不错呀！"说话时他的眼神中流露着对那个"文曲星"的喜爱。可是何斌却很小气地将"文曲星"收了起来，对同学说："这个是我妈为了让我学好英语给我买的，你要是想要的话，回家让你妈给你买呀！"

为什么孩子会变得如此"独"？其实孩子自私并不是天生的，而是由很多原因造成的。

一、造成孩子自私的几种原因

1.以自我为中心的心理特征

孩子经常把心目中的一切物品理解为"我的"，如"我的小床""我的玩具""我的……"从未理解到别人的需要。

2.父母行为的影响

比如，邻居来借物品，父母害怕东西借出去会被弄坏，而故意找一些理由搪塞，这种行为无意中成了孩子的反面教材。另外，父母对孩子过分的迁就、溺爱，在很大程度上滋长了孩子的自私心理，比如，好吃的菜让孩子先吃，好的水果让孩子先挑……而一旦孩子出现小气行为后，父母往往不分析原因，认为家里只有一个孩子，要是有两三个孩子便知道分享了，或者认为等孩子长大就好了。

3.同伴的错误"示范"

孩子在与同伴交往时，看中了同伴的玩具想玩一下，却被对方拒绝，因此，当别的小伙伴向自己借玩具时也拒绝对方。可怕的是，有的父母还赞赏孩子的这种行为，他们常对孩子说："别人不借给你玩具，你也不要借给别人玩具。"却不知这样会使孩子的自私吝啬行为愈发严重。

以上只是孩子自私吝啬的常见原因。当孩子出现自私吝啬的行为时，父母必须探究其中原因，才能有效地改变孩子的不良行为。

自私是一种心理障碍，很容易导致孩子发展成为一个吝啬、冷酷的人。但父母也不必因此感到束手无策，更不必杞人忧天，只要积极行动起来，让孩子感受到给予和分享的快乐，他就可以轻松地走出自私的怪圈。

让孩子放下自我，学会给予，放弃自私，学会关爱别人，只有这样，才能让他们从给予中得到快乐，才能激发他们的爱心，使他们在成长的道路上再迈进一步。

二、让孩子学会分享的几种方法

1.不要溺爱孩子

现实生活中，有很多孩子吃独食，不愿与他人分享，这与父母的溺爱是密切相关的。很多父母出于对孩子的爱，把好吃的、好玩的全让给孩子，孩子偶尔想与父母分享，父母在感动之余，却常常说："我们不吃，你自己吃吧。"长此下去就强化了孩子的独享意识，他们理所当然地认为应该把好吃的、好玩的据为己有。

家长对孩子的爱无可厚非，但这种爱如果不予以正确的引导，会导致孩子认为好的东西都理所当然地属于自己，同时容易产生自私的心理。因此，家长不要溺爱孩子，要让孩子学会分享并体验分享的快乐。

2.为孩子做出榜样

父母是孩子的启蒙老师，因此父母以身作则是影响孩子性格的最有效的方式之一。在日常生活中，父母要做到慷慨待人，如肯把东西借给邻居使用，主动把好吃的东西拿出来让别人吃，乐意把自己心爱的物品转让给别人等。这些都是平凡的小事，父母做好这些小事，就会给孩子树立良好的榜样。

在邻居眼中，黄先生夫妇是一对热心、慷慨的夫妻。在社区里，他们看到别人有困难时，会主动伸出援助之手；从乡下的亲戚家带回来的土特产，会送给左邻右舍品尝；邻居找上门来借东西，他们都会尽量满足。这些行为不仅被邻居们看在眼里，也被他们6岁的儿子浩浩牢记在心上。这就使浩浩在无形中受到了良好的教育，自然变得慷慨大方。

有一次，浩浩到乡下的外婆家过暑假，爸爸去接他回来的时候，外婆让他们带回一些梨。在回家的路上，浩浩对爸爸说："爸爸，我回家后送点梨给隔壁的小琴和虎虎吧，他们一定会喜欢的。"爸爸高兴地说："好啊，我支持你这样做，你这叫分享，有好吃的好玩的，也让别人尝一尝、试一试，别人将来有好东西也会主动与你分享的。"浩浩高兴地说："这都是跟爸爸妈妈学的。"

父母做了什么样的表率，孩子都看在眼里。以身作则不是给孩子作秀，而是平日生活中发自内心的行动。如果父母懂得与人分享，慷慨大方地对待身边的人，孩子也会在父母无声的教育中受到熏陶，自然会表现得像父母那样慷慨大方。

3.不能给孩子搞特殊化

如今有些孩子在家里犹如"小皇帝""小公主"，具有特殊的地位。家里有好吃的，要让他们先尝，如果他们感觉很好吃，那得让他们吃个够；好玩的玩具都是为他们买的，不允许家人及其他小朋友碰。在这种环境下，孩子们会变得非常自私，以自我为中心，没有分享的意识。

孩子是家庭的一员，因为他们年龄小，所以需要特别的照顾，这是正常的。但是如果家长过分宠爱孩子，把孩子在家里的地位特殊化，把孩子看作特殊的人物，就会把孩子教成自私自利、骄傲、任性的人。所以，父母应该对孩子有一个清醒的认识，真正想把孩子培养成一个知书达理、懂得分享、慷慨大方的人，就应该让孩子在家庭中、孩子的群体中，以一个平常的角色出现，不能搞特殊化，从小通过教育和引导，让孩子学会与他人分享。

4.鼓励孩子愉快分享

孩子的分享行为不是自发形成的，需要引导、启发和教育。父母必须在日常生活中有意识地引导孩子，告诉孩子该怎样做。

吴迪的班级开设了"图书角"，老师号召同学把自己的书拿出来和同学们交换阅读，分享图书资源。可是放学回家后，吴迪却一脸的不高兴。爸爸问他为什么，他说他看到有个同学拿了一本《格林童话》，他很想看，可他又怕交换书后，同学将他的书弄坏，所以就没有换。爸爸知道原因后，耐心地对吴迪说："交换的图书是不会损坏的，几天后就换回来了，即使损坏了也没关系，可以再买。但是自己不付出，不与他人分享，自己也得不到分享的乐趣。"在爸爸的鼓励下，吴迪决定明天就把自己的《小王子》拿去交换，换他喜欢的图书。第二天放学后，吴迪高高兴兴地把他喜欢的图书换回来了。

现在的很多孩子之所以不愿与人分享，是因为他们认为分享就等于失去。父母应该理解孩子这种难以割舍的"痛苦"，但也应该让孩子明白，分享其实不是失去，而是一种互利。分享体现了自己对别人的关心与帮助，自己与别人分享了，别人也会回报自己同样的关心与帮助。这样彼此关心、爱护、体贴，大家都会觉得温暖和快乐。

5.适当满足孩子的要求

对于孩子的合理要求可以适当满足，对于不能及时满足的要让孩子学会等待，不能过分迁就。如果有一次妥协，孩子就知道下次有机可乘，所以，家长要有恒心、耐心以及坚持到底的决心。

6.让孩子多与同伴交往

日常生活中，爸爸妈妈可让孩子多和同伴交往，教育孩子吃的东西要分给别人吃，玩的东西要和别人一起玩。孩子在交往、玩耍时，爸爸妈妈最好让他和较大的孩子在一起，这样，不仅较大的孩子可以适当带领、照顾他，而且可以制止孩子的"独占""掠夺"行为，因为大一点的孩子有一定的自我防卫能力，而小一点的孩子往往能服从较大的孩子。

总之，在生活中要处处为他人着想，他人才会处处为你着想，让我们同孩子一起用心去感受这个美丽的世界吧！

淡化孩子的虚荣心

攀比是一种社会心理现象，是每个人都会有的心理状态，在任何时代、任何社会都有攀比心理存在。对于孩子来说，攀比不一定都是坏事，问题在于父母是否能正确引导。

一个年仅5岁的小女孩，得知爸爸把家里的车开走了，竟拒绝去幼儿园。为此，她的妈妈连声感叹现在孩子的攀比心理太强了。这位妈妈说，早上7点30分，女儿该去幼儿园了，她带着5岁的女儿下楼。得知爸爸开车出去办事了，妈妈要骑电动自行车送她去幼儿园，女儿立刻哭闹起来。她不但拒绝去幼儿园，还哭着跑回家，嘴里嚷着"我就是要坐车去上学，不坐车去幼儿园会被同学笑话"。妈妈只好答应给她买一个洋娃娃才平息了这场闹剧。

这位妈妈介绍说，女儿聪明可爱，就是爱攀比，小朋友穿了什么新衣服，有了什么新的学习用品，她就一定要家长买。去年春天，女儿要求他们买车接送她，说是很多小朋友的爸爸都买了车。

这么点儿的孩子就知道坐车去幼儿园来满足虚荣心，如此不得不让我们感到震惊、疑惑，现在的孩子把心思都放在攀比上了，他们还能好好读书吗？而这种情况，在当今社会具有普遍性。有关调查表明，独生子女中有20%存在较强的虚荣心。

攀比心理是一种"人有我也要有，人好我要更好"的比较心理，它隐含着竞争、好胜的心理。攀比心理每人都有，只是成人能够理智地控制自己的攀比欲望，而孩子年龄小，缺乏是非判断标准和自制能力，只知道别人有的他也要有，父母不给买，就哭闹。如果一味地满足孩子的攀比欲望，孩子要什么家长就给什么，只会助长孩子的贪婪欲望和虚荣心。当孩子的欲望膨胀到一定程度，家长无法满足他们的要求时，孩子就会产生受挫心理，甚至走上犯罪道路。因此，家长一旦发现孩子出现攀比心理的苗头，就要有意识地加以引导。

首先，可以采用反攀比这一方法。孩子们在攀比的时候，最典型的理论就是"别人都有，所以我也应该有"。因此，别人买了新书包，他也应该有；别人买了名牌服装，他也应该有；别人买了新玩具，他也应该有。孩子的心理和行为往往受情绪控制，缺乏理智，不能理解人的需要的满足是受一定条件限制的，因此，无论父母如何解释，孩子都很难理解。对付这样的孩子，比较快速有效的办法是实行反攀比。比如：用他的长处去比别人的短处，用他进步的一面去比别人退步的一面，用他有的东西去比别人没有的东西，等等。

另外，就是改变攀比兴奋点。孩子有攀比的心理，说明孩子的内心有竞争的倾向或意识，想达到和别人同样的水平或超越别人。父母就要抓住孩子这种上进心理，改变孩子攀比吃穿、消费的倾向，正确引导孩子。比如，当孩子埋怨老师经常表扬某同学时，父母可以和孩子一起研究，列出这个同学的优点，让孩子暗中努力和同学比一比，看能否超过他。当孩子和同学比穿着时，父母可以从穿着整洁美、颜色的搭配美等方面去改变孩子的攀比兴奋点。

最后，引导孩子纵向攀比。不妨多鼓励孩子自己和自己比。例如，让孩子今天和昨天比，这个月和上个月比，本学期和上一学期比。在特殊的攀比中，孩子会经常看到自己的进步，原来不会的拼音现在都会了，原来不认识的字现在都认识了，原来不懂的道理现在渐渐都懂了。这些比较都可以让孩子获得进步，其自信心也会增强，并在欣赏自己的过程中努力超越他人。

对孩子来说，盲目攀比是一种可怕的不良心理，使孩子产生忌妒心理，导致情绪不稳定等，还会造成孩子行为上的迷失。所以，父母对虚荣心较重的孩子不能掉以轻心，而应当采取必要的方法加以纠正。

1.让孩子认识到虚荣的危害

5岁的丽丽，长相漂亮、可爱，尽管家里经济条件一般，但丽丽妈妈也总是尽自己的力量将丽丽打扮得像小公主一样，邻居阿姨也常常夸赞丽丽很乖巧。可是，最近，丽丽妈妈遇到一件烦恼的事：上周末，小区里几个同龄孩子在一起玩，随口说着自己都去哪里玩过，丽丽突然夸海口道："我爸爸带我去日本旅游了，那里有唐老鸭、米老鼠……可好玩了。"丽丽妈妈感到十分惊讶，他们从来没去过日本，这孩子小小年纪不仅虚荣，还学会了撒谎。

还有一天，丽丽妈妈去幼儿园接女儿，发现女儿正在向别的同学介绍自己家有多漂亮，自己家的电视有多大……这一切都是不符合实际的，丽丽妈妈认识到了问题的严重性。

生活中，不少孩子通过一些欺骗和虚假的方式，来维护自己的自尊心，这样容易造成孩子撒谎成性。这种品质让孩子无法客观真实地认识自己，也会造成对他人的欺骗。所以，父母要让孩子认识到虚荣的危害，并且通过恰当的机会让他感受到虚荣心过强所带来的烦恼和痛苦，从而自觉地意识到虚荣心过强是不利于自己成长的。

2.不要轻易满足孩子的任何要求

周先生的儿子今年上小学二年级，对于孩子的要求，周先生向来是有求必应。孩子也对金钱没什么概念，只要一出去就要买东西回家。慢慢地，孩子还养成了攀比的习惯，同学们有什么他就要什么。如今放暑假了，孩子不满足于整天在家看电视，邻居同学父母给孩子买了一台iPad（苹果平板电脑），儿子就要求周先生买给他，起初周先生不答应买，儿子就以不吃饭来威胁父亲，最终周先生妥协了，也给儿子买了一台iPad。

孩子的年龄尚小，认知能力比较差，并没有建立起自己评价事物的标准，加上受到社会上一些不良风气的影响，容易导致其产生攀比心理。孩子一旦有了攀比心理，就会助长贪婪的欲望和极强的虚荣心，产生畸形的消费观、人生观和价值观，还会给他们将来的就业、生活带来种种负面的影响。

因此，对孩子提出的各种要求，家长要做的不是尽量去满足孩子的愿望，而是要对孩子的攀比心理给予正确的引导。在拒绝孩子的无理要求时，家长不能只是简单地说"不"，而是要让孩子明白为什么不能满足他的要求。

3.为孩子做出榜样

父母是孩子的第一任老师，一言一行都会对孩子产生影响。因此，父母必须以身作则，为孩子树立榜样，不要因为自己的攀比和虚荣而助长了孩子的虚荣。

小芳的爸爸是一个好面子的人，时常和朋友吹嘘自己的生意做得很大，久而久之，小芳也养成了吹嘘的坏习惯。这天，小芳爸爸的电话突然响了，是学校刘老师打来的，刘老师听小芳说她爸爸是航空公司的，所以想请小芳爸爸帮忙买张打折机票。爸爸顿时尴尬无比，因为这完全是小芳瞎编的。小芳觉得开飞机很神气，就告诉老师爸爸是航空公司的。小芳的爸爸很不解："大人爱面子也就罢了，怎么小小年纪就这么爱面子，还撒谎，虚荣心太强了！"

孩子讲虚荣、爱攀比多数是受成人影响。如果父母为了满足虚荣心整天穿金戴银，开好车，住好房，用来向外界标榜自己的富有，孩子在这样的家庭环境中成长，势必会受到虚荣的感染，进而不再潜心读书，而是会想办法用各种方式来满足自己的虚荣心。所以，父母首先要摆正自己的心态，不同别人攀比，不盲目追求物质享受，给孩子树立好的榜样，用良好的言行去感染、教育孩子。

第二章 规范引导，消除孩子内心的阴影

51

克服孩子骄傲自大的心理

骄傲自大，是孩子有了一定的自我意识、自我评价能力后产生的。有些孩子在取得一些优异成绩、听到声声赞誉之时，就认为自己非常优秀；有些孩子则只看到其他孩子的缺点，而总认为自己比他人优秀许多；有些孩子虚荣心很强，根本听不进逆耳的忠言；有些孩子受个人英雄主义影响，非常喜欢处处表现自己……总之，骄傲自大会阻碍孩子的发展，产生消极的影响。骄傲自大的孩子常在自己的周围树起一道无形的"墙"，将自己与外界隔离，使自己变得心胸狭窄。

小芳从小就是一个非常自信的孩子，她总觉得自己是无所不能的，在学校里，她要当班长；在伙伴当中，她要当"老大"；甚至在玩过家家的时候，她也要当"妈妈"。这种自信的心态最终让小芳变成了一个骄傲自满的人，即使看到别人的成绩，她也不会理会，甚至还找出一大堆理由来解释别人为什么这么厉害。总之，她认为自己永远都应该是最有能力的那个人。

为了改变小芳的这一情况，父母苦口婆心地说了很多，却一点用都没有，小芳还觉得很烦。后来，小芳参加了一次小学阶段的奥林匹克数学竞赛，只获得了第十名，这对于小芳来说，是很大的打击，为此，她哭了两天。

小芳的父母借着这个机会对她进行了教育：你之所以会得到这样一个成绩，是因为你太骄傲了，你总觉得自己什么都懂、什么都会，所以你根本就没有好好听课，没有好好地预习和复习……

在父母的教育下，小芳似乎意识到了自己的问题，从那以后，小芳变得谦虚多了。即使考试得了第一名，她也只是会心一笑，而在以前，她肯定会说："这有什么难的，他们不会是因为他们太笨了。"

每个孩子都有骄傲的时候，但是骄傲之后能马上清醒地认识到自己的不足的孩子少之又少。很多孩子一旦骄傲便得意扬扬，在没有吃到骄傲的苦头之前认识不到骄傲的危害，直到因为骄傲摔了跟头，才意识到骄傲的危害。

父母应告诉孩子：不要骄傲。因为一骄傲，就容易得意忘形，就会出现失误；因为一骄傲，就容易自以为是，目中无人，固执己见；因为一骄傲，就会拒绝别人的忠告和友好的帮助；因为一骄傲，就会丧失客观标准；因为一骄傲，就将面临失败的结局……

有人说："骄傲就像一个变化无常的魔术师，当它向你走过来时，它变出了一架按摩椅，使你享受着舒适，但当你转过身时，它又变成了一个险恶的恶魔，一下子向你扑来，使你深受其害。"骄傲是一个陷阱，潜伏在孩子们前进的道路上，当他们疏忽大意时，就容易掉入陷阱中难以自拔。如果孩子在这个陷阱里不出来，就会永远退步下去。

父母要让孩子在前进的道路上保持谦虚谨慎的心态，当孩子取得成功后骄傲自满、疏忽大意时，应及时给他提醒，让他正确认识现实中的自己。

1. 不要轻易地表扬孩子

生活中，孩子骄傲、自负性格的形成与父母有很大的关系。很多父母在教育孩子的时候总是轻易地、过多地对孩子进行表扬。不可否认，表扬在一定程度上能够起到激励，支持孩子的作用，但是表扬多了，就会起到反作用。尤其是对一些比较优秀的孩子来说，过多的表扬会使孩子产生骄傲自满的心理。父母在表扬孩子的时候要注重表扬孩子的某种行为，而不要一味地表扬孩子本身——这是表扬的一个技巧。

嘉嘉是个聪明伶俐、讨人喜爱的女孩。她的爸爸是一家大公司的经理，妈妈在一家医院做医生。嘉嘉从小就生活在条件优越的环境中。在家里，她是父母的掌上明珠；在学校，她成绩优秀，是老师心目中的"尖子生"；在同学当中，因为她漂亮可爱，大家都叫她"白雪公主"。这一切使嘉嘉产生了飘飘然的感觉，"我就是比别人优秀"，嘉嘉常常不由自主地这样想。

嘉嘉的父母很以这个美丽聪明的女儿为傲，经常在别人面前夸奖自己的女儿。这就使得嘉嘉更加自满和自傲了。

慢慢地，嘉嘉变了。她只要稍不顺心就对父母大发脾气；在学校里更爱表现和炫耀自己，一取得好成绩就非常得意，甚至不把老师的话放在心上；她还总是拿自己的长处同别人的短处相比，认为自己生来就高人一等，而看不起别的同学，甚至是大人。

孩子的自制力较差，表扬过多就会导致孩子产生骄傲自满的心理，甚至迷失自我，最后沦为平庸。因此，父母在生活中应该有意识地避免过度表扬孩子。

2.适时地给孩子泼点冷水

晚上8点多，妈妈回家看见女儿躺在沙发上惬意地看电视，便问："作业写完了吗？"女儿没有搭理妈妈，显得不屑一顾。看到女儿的神态，妈妈认为女儿应该写完了作业。

妈妈问："英语单词背了吗？"

女儿答："你怎么能用这种语气和一位英语得了100分的人说话呢？"

妈妈问："你什么时候得100分了？"

女儿说："今天英语单词听写得了100分！"听写单词得了100分就骄傲成这样。妈妈决定打击一下女儿。

妈妈问："今天考数学了吗？"

"考了。"女儿的语气平和许多。

妈妈又问："考的什么？是应用题还是口算题？"

"应用题。"语气依然平和，但骄傲的态度却不见了。

妈妈故意问她："能考40分吗？"

"当然可以！"女儿带着不屑的语气回应道。

妈妈心想：难道女儿应用题考得不错？于是舒缓了一下语气，问："有不会做的吗？"

"有，3道题。"女儿的语气又变得兴奋起来。

妈妈又说："看来你最多得40分。你肯定还有做错的题呢。"

"不会的。"女儿露出非常自信的神态。

妈妈不解地问："为什么？"

"因为数学老师前几天表扬我进步了。"

妈妈没有忘记打击女儿的沾沾自喜，说："表扬你了你就这么骄傲，看来你连40分都考不到。"

第二天，女儿的成绩出来了，果然没有考到40分。

有些孩子取得了一点成绩就得意忘形，认为自己很了不起，给自己过高的评价，并且目中无人，这种骄傲自大的心理对孩子的成长是极为不利的。因此，父母一旦发现孩子骄傲的苗头，就应适当地运用"制冷"的手段，及时给孩子"泼点冷水"，让孩子清醒清醒，让孩子学会理性地评价自己，正确地认识自己。

3.教育孩子谦虚做人

于淼是小学四年级的学生，学习成绩一直名列前茅，因此非常骄傲自大。在学校里，她处处都表现得非常"清高"，不愿意和成绩不好的同学一起玩，觉得跟他们在一起实在没有什么意思。对于任课老师，于淼也不太尊敬，她总觉得老师的水平不过如此，自己通过自学也能够学到很多知识。

不过，于淼觉得最值得敬重的是自己的爸爸，因为爸爸常常会给于淼介绍一些学习方法，讲一些关于名人名言的故事。因此，她也喜欢和爸爸聊天，甚至会让爸爸看自己写的周记。

一天，于淼在让爸爸看的一篇周记中表现出明显的骄傲，也表露出她看不起同学的思想，还提到了与语文老师之间发生的争执，原因是语文老师批评于淼写作业不够仔细，而于淼觉得老师是在有意找她麻烦。

到了第二天，于淼发现了爸爸写给她的纸条："老师批评你，并不是因为看不起你，而是他希望你能进步。因为他明知不批评你，你不会怨恨他，批评你则会招来你的怨恨，但是，他依然选择了批评你，原因就是他希望你进步，希望你谦虚。女儿，古语云'满招损，谦受益'，爸爸也希望你能谦虚。"

于淼深受感触，从此以后，在爸爸的帮助下，她逐渐改掉了骄傲的毛病。

每个人取得良好的成绩之后，都会喜出望外，因此往往在不知不觉中，显现了骄傲的情绪，孩子更是如此。当孩子产生了虚荣和骄傲自大的盲目心理时，父母要找准时机，耐心引导孩子，让孩子知道骄傲自满只能带来失败，家长应及时指导孩子谦虚做人。

让孩子与抑郁隔离，快乐地成长

抑郁是一种不愉快、以心情低落为主要表现的不良情绪。孩子的抑郁是他们在日常生活和学习中对一些不良的情景或事件的一种情绪反应，是一种不愉快、悲伤或精神痛苦的表现，可能是暂时的，也可能是持久稳定的。

　　李静7岁的时候，父母就离了婚。她跟着母亲过已经有六七年的时间了，在李静的成长轨迹中始终没有父亲的身影出现。母女两人虽然经济上不太宽裕，但两个人相依为命，生活得很幸福。等母亲再婚的时候，面对突然闯进自己生活的继父，李静觉得自己像是被扔到垃圾箱里面的旧玩具一样，失去了妈妈的关注和爱。

　　后来，妈妈又生了一个小妹妹。自此之后，李静能够明显地感受到母亲对她的忽视。继父也不喜欢李静，她觉得自己是这个家里最多余的那个人。

　　生活的艰辛给李静本该快乐的童年生活带来了很多缺失。有了小妹妹之后，母亲和继父每天都在变着花样哄妹妹开心，李静心里面很不平衡。因为小妹妹片刻都离不开人，母亲就没有时间照顾她，13岁的李静不得不学着自己做早餐、自己洗衣服，周末还要帮助妈妈打理家务。生活上的磨难，让李静变得早熟的同时，也使她的性格变得更加孤僻。每到周末，她宁愿借宿在学校也不想回到那个感受不到爱的家。

　　妈妈有一次看到了李静非常糟糕的成绩单，对李静一阵责骂，李静把自己锁在房间里面哭了很长时间。她想不明白为什么妈妈不再喜欢自己了，难道只因为有了小妹妹？为什么妈妈除了学习成绩再也不会关心她的其他方面了？她想睡去，再也不愿意想这些事情，可是脑子里面总是出现妈妈咒骂的画面。这个时候，李静想起了妈妈以前常吃的安眠药。年少无知的她倒出一把安眠药放到嘴里之后，就沉沉地睡去，再也没有醒过来。

从这个案例不难看出，有抑郁倾向的孩子，不仅学习和生活会受影响，严重的还会有自杀的倾向。

对于儿童而言，当抑郁出现时通常表现为身体不舒服，常见为胃肠道症状，如呕吐、腹部不适、厌食等；还有一些孩子表现为惊恐、绝望、伤心流泪、不进食、失眠、夜惊多噩梦等。一般情况下，抑郁的孩子情感脆弱、动作迟缓，回答别人问话总是含糊其词，显得拘谨不安。

抑郁的表现有很多种，如性格内向、文静、不爱交际、孤僻、多疑、依赖性强，常注意事物的消极面。另外抑郁情绪的出现，一般都有心理或精神的促发因素，如父母离异、父母对子女漠不关心、孩子的人际关系不协调、学习成绩不良等负面生活事件等。当然，家族遗传性因素对儿童抑郁也有一定的影响，据统计，有50%抑郁儿童的父母中至少有一方有抑郁的倾向。虽然说孩子胆小，性格内向，有先天原因，但是后天的环境更为重要。

抑郁会消磨掉孩子的斗志，会埋没孩子的才华，使孩子失去爱与交往的能力，因此，家长必须帮助孩子消除抑郁。那么，怎样消除抑郁呢？

1.营造温馨民主的家庭气氛

良好的家庭支持和家庭凝聚力是孩子健康成长的持久动力。父母要做到尊重孩子，顺畅地和孩子沟通，为孩子创造一个亲密、融洽、温馨的家庭氛围，让孩子体会到家庭的温暖。

2.平等对待孩子，尊重孩子

有些孩子做错了事或者经历了几次失败，就会精神不振，尤其是抑郁的孩子在这一方面表现得更为突出。如果遇到这种情况，父母一定要心平气和地对待孩子的过失和失败，运用恰当的教育方式，耐心地启发、诱导。绝不能盲目指责，否则很容易让孩子感到压抑。当孩子不愿意参加某些活动时，父母的任务不是催逼他去做或吓唬他，而是有意识地引导他避免经历不幸和伤害。对孩子所担心的事情，父母要加以科学的解释，争取尽早地消除孩子的顾虑。

3.教孩子学会适当地发泄情绪

情绪既然是生活的一个方面，就应当使它有一个适当表现的机会。喜怒哀乐，正常人都有，不能也不必要加以抑制。父母可以告诉孩子，在激动的时候，做些消耗体能的运动或活动，可以释放出积聚在身体中的紧张能量；在情绪不安的时候，找要好的朋友谈谈，倾诉心中的郁闷，把话说出来，恢复心情的平静；或者用文字、图画、音乐来发泄情绪；或者使自己离开那些容易让人激动的环境，避免心理上的纷扰。

4.鼓励孩子走出家门，多交朋友

孤独会导致抑郁和烦躁等情绪，心理尚未完全成熟的青少年自然难以应对孤独感的侵蚀。父母可以尝试减轻孩子的学习压力，给孩子一些可以自由支配的时间，并且鼓励孩子走出家门，与社会亲密接触，与同学多多交流，交更多的好朋友。这样一来，孩子就会变得更加开朗，很多不愿跟家长说的心事则可以和朋友们分享，心理压力也就有了宣泄的出口。

克服自卑，培养孩子的自信心

自卑是一种消极的自我评价或自我意识。一个自卑的人往往过低评价自己的形象、能力和品质，总是拿自己的弱点和别人的长处比，觉得自己事事不如人，在人前自惭形秽，从而丧失自信，悲观失望，不思进取，甚至沉沦。

自卑是一种性格缺陷，自卑性格的形成往往源于儿童时代。一个人小的时候，正是性格和信念发展的重要时期，也是一个人学习功课、掌握本领的重要时期，此时如果产生了自卑感，不相信自己有能力去改变世界，整日用一种消极和自卑的情绪去生活，那么他们的自我暗示就会接收这种缺乏信心的精神，从此一蹶不振，引发出人际关系障碍和许多行为上的困扰，妨碍学习、生活和人际交往的正常进行。这对于孩子的成长是十分不利的。

有一个女孩曾写过这样一篇日记：

我不漂亮，没有让人眼前一亮的气质，原本这一切并不重要，因为我并没有意识到这一切，我很快乐地享受着父母给我的关爱。

后来我出远门，见到了许久未联系的哥哥，我很快乐，因为每个女孩都有一个哥哥情结，渴望被人永远地呵护。

有一天，哥哥的朋友把我误认为是哥哥的女朋友，哥哥说了句："我女朋友会这么丑吗？"

我惊诧了。忽然才意识到，我不是一个漂亮女生，虽然后来哥哥解释说刚才那句话是反话。可我还是有一种受伤的感觉，虽然当时的感觉并不强烈，可这件事我至今还记得。

大概又过了几年吧，我又一次和哥哥相逢了。我们一起去爬山，哥哥很想放声高歌，哥哥让我唱，我犹豫了，因为自己五音不全，我笑着拒绝了，我让哥哥唱，哥哥忽然说："前面要是有个美女就好了。"

我又一次惊诧了。此时的我已长大，而且在学校，同学的言语早已让我明白：我不是漂亮女孩。可哥哥的话还是让我很受伤。我不止一次地问自己：我为什么这么丑？又是几年过去了，我又一次到了哥哥所在的那座城市，此时我犹豫了，我真的一点儿自信都没了，虽然很想去见哥哥，可我真的不愿意再受伤了。

上面的例子，虽然不普遍，但在一部分孩子身上是真实存在的。这类孩子往往比较自卑，常常以消极的态度评价自己，认为自己不如别人。如果这种自卑心理得不到及时的纠正和关注，会形成孩子的心理障碍，影响孩子的健康成长。因此，父母应关注自己的孩子有没有自卑心理，一旦发现，须尽早帮助其克服和纠正，以免形成自卑性格。

1.对孩子的要求要适当

有的孩子之所以变得越来越自卑，一个非常重要的原因就是家长对孩子要求过高，使孩子常常受到批评与指责。长此以往，孩子每做一件事，他在潜意识中总会对自己做出否定的结论。

琪琪的父母都是大学里的教授，做父母的把全部希望都寄托在了琪琪的身上，希望他们的女儿能够出类拔萃，非同凡响，希望自己的女儿能成为一个全才，所以对她在各方面的要求都非常严格。

起初，琪琪的表现很出色，不论在幼儿园还是在后来的学校里，她都很活跃。老师同学们都很喜欢她。但这样仍不能让她的父母满意，因为父母给琪琪定的标准就是"永争第一"。每当琪琪拿着自己认为不错的成绩单高高兴兴地回家时，得到的总是父母的训斥："这道题怎么能错呢？都没能得第一名，瞎高兴什么！"琪琪不禁伤心地低下了头。

琪琪小学一年级时参加了全市的歌咏比赛，拿到了二等奖。下台之后，她高兴地向爸爸妈妈跑去，没想到看到的却是父母的冷面孔："你看人家获一等奖的那个小朋友，嗓子多甜美，表现得多好，可比你强多了，你呀，真让我们失望。"小琪琪当场就流下了委屈的泪水，周围的人们都很诧异。

渐渐地，小琪琪就变了。原先那个特别开朗、调皮、聪明可爱的孩子不见了，现在的她总是一个人独处，很害羞、胆怯，不和小朋友们一起玩；上课从来不主动回答问题，就是老师把她叫起来，回答也是含含糊糊，犹犹豫豫，总是说我不行，我不知道。和原来相比，简直像换了一个人一样。

有的孩子之所以越来越自卑，一个重要原因就是家长的要求过高，使孩子得不到肯定。长此以往，会使孩子产生一种心理上的恐惧感，从而否定自己，并产生自卑感，严重的还会意志消沉、精神萎靡，所以说，家长不要奢求孩子能完美地做好每一件事，而应该鼓励孩子去做，然后努力发现孩子在做这件事的过程中值得肯定的方面并进行及时的表扬，从而慢慢增强孩子的自信心。要让孩子懂得做该做的事，并努力把它做好，这本身就是成功，也是对自己最好的肯定。

2.引导孩子正确认识自己，接纳自己

"尺有所短，寸有所长"。每一个人都有自己的长处和优势，同时，也有自己的短处和劣势。如果用其所短而舍其所长，哪怕是天才也会丧失信心，自暴自弃；相反，一个人若能扬长避短，强化自己的长处，就是有缺陷的人也能充满信心，享受成功的快乐。因此，消除孩子的自卑心理，要善于发现他们的长处和优势，并为他们提供发挥长处的机会和条件，让孩子学会理智地对待自己的短处，寻找合适的补偿目标，从中吸取前进的动力，就能把自卑转化为一种奋发图强的动力。这也是帮助孩子克服自卑心理的关键。

美国总统罗斯福小时候是一个脆弱胆小的学生，在课堂里总显露出一种惊恐的表情。他有哮喘病，呼吸就好像喘大气一样。如果被叫起来背诵课文，他会立即双腿发抖，嘴唇也颤动不已，说起话来含含糊糊、吞吞吐吐，然后颓然地坐下来。

他常常拒绝参加同学间的任何活动，不喜欢交朋友。他是一个自卑心理很重的人。然而，罗斯福的父母却通过鼓励和其他一些积极的教育方法，使罗斯福树立起了很强的奋斗精神——一种任何人都可具备的奋斗精神。

他爸爸对他说："孩子，你有着别人所没有的特点，你将成为一个伟大的人！所以，你没有必要为别人的嘲笑而减少勇气。你要用坚强的意志去努力奋斗。你一定会成功的。"从此以后，罗斯福开始坚信自己是勇敢、强壮的。他坚信自己可以克服一切困难并获得成功。

罗斯福从此不再退缩和消沉，而是充分、全面地认识自己，在顽强之中抗争。最终，他当上了受人尊敬的总统。

父母要引导和教育孩子对自己进行积极、正确、客观的评价，并且认识到任何人都有自己的长处，也都会有短处或不足。因为一个人只有客观地评价自己和他人，与他们进行正确的比较，才有助于肯定自己，才可能克服自卑感。

在生活当中，父母还要注意并善于发现孩子的优点和进步，并不失时机地给予肯定和表扬。孩子认为自己有优点，并能取得一定的成绩，便会增强取得更大更好成绩的信心和希望。

3.给孩子积极的心理暗示

美国心理学家罗森塔尔来到一所学校，给一些学生做语言能力和推理能力的测验，测完之后，他没有看测验结果，而是随机地选出20%的学生，告诉他们的老师说这些孩子很有潜力，将来可能比其他学生更有出息。8个月后，罗森塔尔再次来到这所学校。奇迹出现了，他随机指定的那20%的学生成绩有了显著提高。

为什么会这样呢？是因为老师的期望起了关键作用。老师们相信专家的结论，相信那些被指定的孩子有前途，于是对他们寄予了更高的期望，投入了更大的热情，更加信任、鼓励他们，反过来，这些孩子的自信心也得到了增强，因而比其他80%的学生进步得更快。罗森塔尔把这种期望产生的效应称之为"皮格马利翁效应"。

这个故事告诉我们，家长应经常给孩子积极的心理暗示，因为积极的心理暗示是帮助孩子建立自信的一个好办法。家长要告诉孩子，不要总是在内心暗示自己："我不自信。"而应该告诉自己："我能行，我很棒，我一定能把事情做好！"

如果孩子在某方面做得真的不够好，家长要让孩子知道，他可以通过努力来提高这方面的能力。告诉孩子，前面有困难，但是，他一定可以克服困难，继续前进。孩子只要有心理准备，就不会因为这一点困难而退缩。

解除孩子的猜疑心理

所谓"猜疑"，就是无中生有地起疑心。它像一片阴暗的沼泽地，使人越陷越深，甚至失去理智。猜疑会增加思想压力，打破心理平衡，使人陷入惴惴不安之中，时间久了可能会导致心理崩溃。

刘芳是初中一年级的学生，最近一段时间，她总觉得老师、同学们都在与她过不去。事情的起因是这样的：上个月的一天，她因事去找老师，当时老师正好有事在忙，便没多和她说话，她认为老师一定对自己有什么意见。当她闷闷不乐地回到班上，看到同学们都三五成群在一起谈话、玩耍，她就猜测，是不是同学们正在议论她，还到老师那里去说了她的坏话。长期下来，她变得少言寡语了，没有了原来的欢笑，一天到晚忧愁郁闷，对什么事都缺乏兴趣，成绩也很快下降。她认为，自己现在是最不幸的人，大家都不需要她了。

一个人一旦掉进猜疑的陷阱，必定处处神经过敏，事事捕风捉影，对他人失去信任，对自己也同样心生疑惑，损害正常的人际关系，影响个人的身心健康。

龚丹是一所寄宿学校初二的学生。有一天中午，同寝室的兰兰在收拾书本时，将书堆放在了龚丹的床上，为此龚丹瞪了兰兰一眼。其实兰兰并没有看到，其他同学也没在意。但是龚丹立刻后悔了，她怕其他同学看见，不巧的是，正好有一位同学抬头看着龚丹，龚丹只能不好意思地笑笑。

事情发生以后，龚丹心里非常担心，怕同学说自己太小气，以后对自己也不会那么好了。龚丹一整天都在注意其他同学的反应，也不出去上自习。恰好看她的那位同学又问她："你今天下午怎么不去上自习呢？"龚丹认为这位同学是有意想让她走开，好和别人议论她刚才瞪眼的事儿。晚上大家一起去吃饭，龚丹回来晚了点，其他人正说笑着，也就没在意她，她认为她们一定彼此说好了，真的不理她了。第二天到教室，龚丹又发现别人用异样的眼光看着她。心想坏了，她们一定对全班同学说了这件事，这一下全班同学都知道自己是个小心眼的人了。

以后到教室的时候，听到同学们在笑，龚丹就认为是在笑自己；坐在教室的前面，她担心别人在背后说她的坏话；坐在教室的后面，她又认为前面的人回头就是在看她，然后再讲她的坏话。为此，龚丹整天坐立不安，觉也睡不踏实，怕睡着后别人讲她的坏话。不久，龚丹患上了失眠性神经衰弱，学习成绩也下降了。她居然还在想：别人这下更会笑我学习成绩下降了。

孩子爱猜疑是对周围世界不信任的一种心理表现，体现在孩子对周围事物显得极为敏感，并且易从消极方面去思考。这种不正常的心理现象，直接影响孩子的身心发展，妨碍人际关系的和谐。因此，父母要及时帮助孩子纠正猜疑这一行为，让孩子重返人生的正常轨道。

1.让孩子认识多疑的危害

家长首先要督促孩子加强自身修养，让孩子平时多看一些内容健康向上的书籍，端正人生态度，然后教导孩子全面认识到多疑心理的危害及可能产生的不良后果。最后帮助孩子果断地克服多疑心理，用宽广的胸怀、友善的态度与别人交往，让孩子认识到这个世界上没有那么多阴谋诡计。

2.增强孩子的自信心

于亮是一个各方面都比较优秀的孩子，他成绩好，体育棒，品德也不错，年年都被评为三好学生，是班里的焦点人物。

有一次，于亮听班里很多同学说男女早恋的事情，他感觉好像是在影射自己。因为成绩好，班里的女生基本上都愿意找他问问题，但其实他根本没有早恋。

于亮听到风言风语当时有些恼火，他想上前与别人理论，但想到自己身正不怕影子斜，觉得没有必要去澄清那些流言，万一不是说自己，反而惹火上身。于是，于亮选择了不予理会，他放下了猜疑，理顺了情绪，像平常一样高高兴兴地上下学，和同班里的同学依然像往常一样交往，包括那些可能在背后说自己坏话的同学。

一段时间之后，班里的风言风语消失了。于亮以大度、宽容和十足的自信，使自己没有被流言伤害。

事实上，很多猜疑之事都是属于"天下本无事，庸人自扰之"的状态。由于缺乏自信，猜疑者特别在意别人的评价，又特别担心别人的评价，总是怀疑别人在做有损自己名誉或做不利于自己的事情。因此，父母要增强孩子的自信心，让孩子以乐观的态度看待现实，才不会遇事总往坏处想，以理智的方式对待别人的议论，不会成天担心别人如何议论自己。

3.教孩子学会情感交流

有时，猜疑可能是由彼此间缺乏交流引起的。人们常说，长相知才能不相疑，如果交往双方都能做到开诚布公，才会相互信任，而有了信任，猜疑心便会烟消云散。

生活中常见到这样的情况：一个人对另一个人产生了误会，通过坦诚的交流，或偶尔从他人那里了解到，原来事情并非和最初想象的一样，完全是一场误会，与所疑之人甚至没有任何关系，因而心中的疑雾立即消散，灿烂的阳光马上映在脸上。因此，及时沟通、坦诚相见是化解疑心的好方法。

周末的一个上午，李烨上街看见了自己的好朋友吴斌，便高兴地上前跟他打招呼，没想到吴斌没有吭声就离开了。李烨心里十分难受，他不知道吴斌怎么了，内向的李烨就想自己是不是做错了什么事，得罪了吴斌。

李烨考虑了很长时间，找出了很多自己觉得对不住吴斌的地方，但又觉得理由都不充分，他想，如果吴斌当时为那些事情生气，也不会到现在才想起来不理自己。李烨与吴斌的关系很好，他不想失去这个朋友。在父母的鼓励下，李烨决定去问问吴斌。

第二天到了学校，李烨直接去找吴斌，问他昨天是怎么回事，这时候吴斌才向李烨赔了不是，说因为父母昨天吵架了，自己心情很不好，就跑到了街上，所以当时才没理李烨。李烨这时才知道，之前的猜想都是因为自己多疑。这件事给李烨一个很好的教训，他知道以后有疑惑应该及时找当事人问清楚弄明白，这才是解决问题的关键，如果独自胡乱猜疑，不仅解决不了问题，还可能会把事情弄得越来越糟。

在日常生活中，孩子之间、孩子与成人之间难免会产生误会和隔阂。

误会和隔阂是猜疑的温床，消除它的方法是：积极做好情感交流工作。家长平时要注意让孩子多与家长和同龄人接触交往，通过谈话、共同游戏等活动帮助孩子与周围人进行情感交流，培养孩子与同伴之间的信任情感。

别再让孩子孤独

孤独是指人的社会交往动机、合群行为得不到满足时所产生的内心体验。有的父母过度保护孩子，从小就将孩子封闭在"象牙塔中"，使他们与外界隔离，虽然可以起到很好的防护作用，可以避免外界"病毒"的侵扰，但同时也过滤掉了很多孩子成长过程中所需要的"养分"。这类孩子最容易产生孤独的情绪，因为没有人和他们一起分享成长的喜悦和成长的烦恼。

一位小学三年级学生的家长说，孩子跟爷爷、奶奶一起生活，做完了作业就无事可做，非常孤独。特别是到了周末，孩子有时会整整两天不出门。另一位五年级学生的家长说，有一段时间，她发现孩子做作业特别慢。通过了解，她发现孩子觉得反正做完作业也没有小朋友一块玩，所以做起作业来特别没有激情。于是她就给孩子报了好几个周末特长班，为的是给孩子提供一个和同龄人进行交流的机会。

对于中国家庭来说，大多数是独生子女家庭，孩子没有兄弟姐妹这样的同代群体，独生子女在家里永远是最小的、最受宠的，独生子女由于其"独"，得不到伙伴间平等的社交活动锻炼，便不易从"以自我为中心"中解脱出来，会容易养成独断、蛮横、孤僻等不良性格。

曾有一个男孩，因家住进高层楼房而患上了"高楼孤独症"。男孩家在一幢高楼的第20层，是一套140多平方米的房子。搬进新家后，男孩转学到妈妈单位附近一所学校读书，离开了原先熟悉的生活学习环境，每天跟着妈妈早出晚归。由于对周围环境不熟悉，加上邻居之间互不往来，没有玩伴间的心理沟通和感情交流，男孩每天放学回家后，除了吃饭、睡觉以外，就是看书、看电视，经常一人站在窗前发呆。渐渐地他变得性格孤僻，怕见生人，总是不开心，对什么事情都不感兴趣，学习成绩也明显下降。妈妈带男孩去见医生，在医生面前，男孩终于说出了心里话：没有人跟我玩。最后医生诊断孩子患了"高楼孤独症"。

这也难怪，当代城市的高楼就像厚厚的墙壁，阻断了孩子与外界的交流，限制了孩子的活动范围，孩子因没有玩伴而找不到快乐，久而久之便觉得内心孤独。

孩子的天性是喜欢集体生活和集体活动的，特别是乐于和年龄相同或相近的孩子在一起，他们有着相似的心理特点，有共同的语言、情感、兴趣和爱好，相互可以得到精神上的满足，获得无限的乐趣。但是，由于现在的孩子在父母的溺爱中越来越少与外界接触，使得他们变得越来越孤僻。不少孩子表现为胆小怕事，行动迟钝，不愿与人交往，一旦遇到不顺心的事情就大发雷霆，做出很多让大人难以理解的事情。长此以往，孩子更容易形成不健康的心理和性格，影响孩子的健康成长。所以作为父母，应当采取措施纠正孩子孤僻离群的不良习惯。

1.引导孩子多与别人交往

孩子应该多与年龄相同的孩子玩耍，孩子总是与家人在一起，就会产生依赖式的心理，将来步入社会就会感到难以适应。

从孩子身心发展的规律来看，一般孩子到三岁时，就已经产生了社会交往的欲望。这是孩子社会交往的萌芽期，在这个时期，家长应提供孩子与同伴交往的条件，鼓励他们走出家门多与同伴交往，在交往中获得丰富的社会交往经验，得到社会生活的训练，培养孩子的社交能力。

玲玲是个胆小孤僻的孩子，没有一个伙伴，在学校里独来独往，回到家中也不出门，周末的时候，常常一个人在家里看电视。妈妈见玲玲这样，很是担心，就鼓励玲玲试着跟同学多交往。开始的时候，玲玲总是害怕，还因为不善于交流，跟同学闹了很多矛盾。但是妈妈总是鼓励玲玲。渐渐地，玲玲有信心了，也交到了几个好朋友。

做父母的应尽可能地创造条件让自己的孩子结识更多的朋友。既要允许、鼓励孩子与邻居家孩子共同玩耍，还要有意识地把孩子的伙伴邀请到家里来，促使孩子内向的性格在与小伙伴的交往中逐渐得到改善。

2. 为孩子创造良好的家庭环境

良好的家庭氛围主要表现为全家人的和睦相处，家长疼爱子女，儿女孝敬父母，彼此关心照顾，共同生活，这样的家庭环境对孩子有一种凝聚力，孩子在这种氛围中，潜移默化地学会与人融洽相处之道，其人格也会不断完善。

3.培养孩子广泛的兴趣和爱好

杨华曾是一个孤僻的孩子，但是现在他的朋友很多。在小学二年级的时候，妈妈看到别的孩子三五成群地在一起做游戏或是谈论某个话题，而杨华什么都不懂不会，只是站在旁边傻傻地听别人说或是看别人玩。从这以后，妈妈就下决心要培养杨华多种兴趣和爱好。经过一番努力，妈妈培养了杨华多种爱好，例如打乒乓球、踢毽子、折纸等，而每种爱好都让杨华交到了几个志趣相投的好朋友。

孤独的孩子往往兴趣狭窄，如果兴趣广泛，孩子便能在自己喜欢的有意义的活动中寻找乐趣，充实生活。另外，有共同的兴趣和爱好的人，也容易广泛地交友，这是治疗孤独的良药。

4.接纳孩子的朋友

与朋友交往本来是孩子脱离父母视线，走自己道路的开始，但如果父母固执地想让孩子按自己规定的轨迹走，就可能妨碍了孩子成长的进程。

孩子们更多的是按照自己的需要选择朋友，他们需要在朋友那里得到的是安全感。有时孩子觉得朋友可贵的地方，父母不见得会看得到。父母不一定非要喜欢孩子的朋友，但也不能总是抱怨，否则会伤害了孩子的感情，使孩子变得无所适从，导致孩子将自己封闭起来。父母可以在孩子谈到他朋友的时候注意倾听，弄清孩子为什么喜欢他的朋友，家长也可以邀请孩子的朋友到家里来玩，与孩子分享交朋友的快乐。

第三章
耐心培养，
塑造孩子健全的人格

在孩子的成长过程中，培养孩子健全的人格是非常重要的。蔡元培曾说过："决定孩子一生的不是学习成绩，而是健全的人格修养！"的确，健全的人格是孩子今后发展的真正基础。健全的人格能让孩子终身受益，能让孩子真正体会到幸福，能让孩子自尊自爱和受人尊敬。所以，家长应把塑造健全人格当作家庭教育的中心，重视和加强对孩子进行良好道德的培养，戒除掉家庭教育中会造成不良影响的行为，从而有效地建构孩子的健全人格。

教会孩子乐观处事

积极乐观是一种心理状态，也是一种性格品质，它对孩子未来的人生发展具有重要作用。调查显示，积极乐观的人不仅身体较健康，而且婚姻生活较为幸福，事业上也比较容易获得成功。

有一位智者说过："生性乐观的人，懂得在逆境中找到光明；生性悲观的人，却常因愚蠢的叹气，而把光明给吹熄了。当你懂得生活的乐趣时，就能享受生命带来的喜悦。"乐观的人，凡事都往好处想，以欢喜的心想欢喜的事，自然成就欢喜的人生；悲观的人，凡事都朝坏处想，越想越苦，一生陷入烦恼之中。世间事都在自己的一念之间。我们的想法可以创造天堂，也可以创造地狱。

美国有一对兄弟，一个非常乐观，一个却非常悲观。

有一天，他们的父母希望兄弟俩的性格都能改变一些。于是，他们把那个乐观的孩子锁进了一间堆满马粪的屋子里，把悲观的孩子锁进了一间放满漂亮玩具的屋子里。

一个小时后，他们的父母走进悲观孩子的屋子时，发现他坐在一个角落里哭泣。原来，他不小心弄坏了玩具，怕父母会责骂自己。

当父母走进乐观孩子的屋子时，却发现孩子正在兴奋地用一把小铲子挖着马粪，把散乱的马粪铲得干干净净。看到父母来了，乐观的孩子高兴地叫道："爸爸，这里有这么多马粪，附近肯定会有一匹漂亮的小马，我要给它清理出一块干净的地方来！"

可见，积极乐观的心态对孩子的一生有着重要的影响，因为这种心态总是与乐观、自信、成功联系在一起。一个心态积极乐观的孩子，善于看到事物中积极有利、乐观向上的一面，在平时的学习生活及人际交往中能够建立起良好的关系；而且，心态积极的孩子常能对未来有美好的期待，即使身处逆境，也能凭借乐观的心态、坚定的信念和顽强的毅力战胜困难、走出逆境。孩子正处在身体和心理的发展时期，在这个过程中，家长应重视培养孩子乐观向上的人格、豁达宽广的积极人生态度。

有两个小女孩，她们既是邻居，也是同班同学，她们的父母也都在一家工厂上班，彼此都认识。楼上的那家父母在教育自己的孩子时，不怎么看重孩子的学习成绩，他们总是教育女孩要努力，要用乐观的心态来看待自己的成绩。在生活中也是一样，他们教导孩子要快乐生活，乐于助人，微笑面对一切事情。所以这家的女孩总是满脸笑容，活像一个小天使，走到哪里都能给别人带去快乐。而楼下那家父母总是很悲观，孩子的父亲常常是一副郁郁不得志的模样，从来不鼓励孩子，孩子要是考试成绩不好了，就打骂，说孩子笨。孩子的母亲对女儿也是放任不管。所以这个小女孩总是生活在黑暗中，郁郁寡欢。

有一天晚上，孩子的父母都还在下班回家的路上，不幸的是，此时发生了地震，两个女孩都被掩埋在了废墟之下。刚开始两个人都很害怕，但是楼上的那个小女孩很快地镇定下来，相信爸爸妈妈一定会想办法来救自己的，她记得父亲经常给她讲的那些乐观的故事，心平气和地保持体力，乐观地等待救援。而楼下的那个小女孩一直处于恐惧之中，绝望地哭泣。最终，楼上的女孩被救，而楼下的那个小女孩因为恐惧和过于绝望，当救援人员找到她的时候，她已经停止了呼吸。

乐观是一种性格倾向，使人能看到事情比较有利的一面，期待更有利的结果。孩子对那些能够满足自己需要的事物或对象，会产生一种积极的情绪体验，而对无法满足自己需要的事物则会产生消极的情绪体验。乐观的性格是孩子应对人生中悲伤、不幸、失败、痛苦等的有力武器。如果孩子无法乐观地面对人生，就会意志消沉，对前途丧失信心，长此以往，还会损害身体健康。

乐观是孩子对未来充满信心、有希望而又不断进取的个性特征。也许有些孩子天生就比较乐观，有些孩子则相反。但心理学家发现乐观的思想是可以培养的，即使孩子天生不具备乐观品质，也可以通过后天的努力来实现。

当然，积极乐观的态度的形成并非一日之功，需要在生活的细微点滴中去积累和培养，当孩子能把困难和痛苦看作一种成长的快乐时，那也将是父母最大的快乐。

1.用积极乐观的态度感染孩子

父母是孩子的榜样，要想使孩子有积极乐观的心态，父母首先要有积极乐观的品质。父母积极乐观的思维处事方式，使孩子耳濡目染，会潜移默化地影响孩子。英国教育理论家斯宾塞说："孩子很容易受到家长的影响，如果他感受到了你的积极，他会慢慢获得一种美好的人生感觉，信心倍增，人生目标感也越来越强烈。"因此，父母要善于用美好的感觉、态度和信心影响孩子，并向孩子传递一种积极的人生信念。

"太阳总会出来的"，这是一位父亲最喜欢说的话。

一次，儿子回到家中，一声不吭地跑到房间里。父亲微笑着说："你是不是遇到什么不顺心的事了？其实，人生总会遇到困难，但是它总会过去的，悲伤难过丝毫不起作用。别去想了，好好努力，明天太阳又出来了。"

后来，无论情况有多么糟糕，只要一想到爸爸的话，儿子就总能充满斗志地迎接一个又一个的挑战。

孩子的模仿能力极强，如果父母是悲观主义者，孩子就会受其影响以悲观的态度思考问题；如果父母希望孩子具有乐观的品性，那父母就必须改变自己的思想与行为方式。所以，培养孩子的过程也是父母不断充实与学习的过程。父母不仅要尽量在孩子面前表现出乐观，营造出快乐的气氛，更重要的是要拥有一颗乐观的心。父母乐观处事的实例是孩子最好的教科书。

2.引导孩子走出困境

威威今年6岁。一天妈妈接威威回家，发现他闷闷不乐，一路上不说话，妈妈问他："威威，今天幼儿园有什么有趣的事情吗？"

威威说："今天一点儿都不好。"妈妈问他为什么，他说："幼儿园来了一个新同学，很会说话，总给小朋友讲好玩的事情，结果他们都不理我了。"

妈妈发现，儿子因为受到冷落而觉得孤单了，于是引导他："那不是很有意思吗？以后你就拥有一个会说笑话的小伙伴了。"

"可是，同学们都不理我了呀！"威威有些着急。妈妈说："只要你和别的小朋友一样与那位新朋友一起做游戏，不就可以玩得很开心了吗？其他小朋友还是和你一起玩的呀！是不是？"威威想了想，点了点头，显然同意了妈妈的想法。

每个孩子都会碰到不顺心的事情，即使天性乐观的孩子也不例外。孩子在生活中碰上不满的事情之后，父母千万不要让他们由此产生的负面情绪憋在心里，这不利于孩子心理的健康发育。当孩子感到悲伤失望时，父母要给孩子以安慰，让孩子把自己的不满和委屈都讲出来，学会正确地运用心理疏导方式及时地走出不良情绪的困扰。

3.创建轻松快乐的家庭氛围

一个初三的女孩，平时喜欢运动，性格开朗活泼、乐观积极，然而，中考前夕，因为学习压力大，她心情烦闷，提不起精神，甚至对考试有了抵触情绪。父母见状，觉得需要帮助孩子及时调整。

于是，一个周末，父亲和孩子商量第二天全家骑自行车去郊游，孩子也表示同意。接着，一家人就开始忙着为明天做准备，母亲去超市购物，父亲去检修自行车，女儿上网选择最佳出游路线，三个人忙得不亦乐乎。

第二天，大家早早地就出发了，一路上孩子好像好久没有闻到新鲜的空气，好久没有看到美丽的风景，特别兴奋。他们走出城市，走到乡间，路过小桥，跨过小溪……中午，三个人一起露营午餐，接着，又在温暖的阳光下聊天、午休。

傍晚时分，三人筋疲力尽地回到城市，一家人商量着要吃一顿火锅来慰劳自己的肚子。当大家围着热气腾腾的火锅尽享美味的时候，每个人都感觉到了家庭的温暖。这短暂的放松，还真帮助孩子调整了心情。接下来的学习生活，女孩明显比以前有劲头了，她仿佛又找回了那个开朗自信的自己。

我们常说环境塑造人，任何人不能否认环境对一个人的影响。对孩子来讲，家是他待得最多的地方，家庭的氛围、家庭成员之间的关系在很大程度上会影响他性格的形成。著名心理学家法迪斯说："在孩子学会语言之前，他们是从感情的氛围中得出自己的结论的——这个世界是一个令人忧虑、愤怒的地方还是一个安全、愉快的乐园。"如果孩子生活在一个愉快的环境中，自然而然会感到快乐；如果孩子长期生活在一个压抑沉闷的环境中，心情也必然是抑郁、悲观的。

所以，在营造家庭氛围的过程中，父母首先要能处理自己的情绪。如果父母能互敬互爱，处世乐观，也能使孩子生活在温馨的家庭氛围中，获得爱与尊重的体验，从而产生主动积极的心态；相反，若家庭关系经常处于紧张状态，孩子的心态自然也很难健康。其次，要让家庭生活内容变得丰富多彩起来，这也会影响孩子心态的正常发展。单调乏味的家庭生活，会让孩子产生消极心态；反之，丰富的家庭生活内容可使孩子生活得快乐、满足，处于积极乐观的情绪状态下。

培养孩子果断的性格

有一则寓言：

场院上，一头毛驴要吃草。此时，在毛驴的左边和右边各放着一堆青草。岂料，毛驴在这两堆青草之间犯了难：先吃这一堆，还是先吃那一堆？就这个问题，毛驴一直思来想去，犹豫不决，最终饿死了。

看完这则寓言后，你或许会笑话毛驴的愚蠢与犹豫不决。然而，在我们的现实生活中，我们的孩子常常上演着类似这只毛驴的故事。

媛媛是个乖巧的小女孩，做事认真，很少因为马虎出现错误。老师经常夸奖她，同学们也都羡慕她，只有妈妈知道媛媛是一个很没有主见的孩子，总是犹豫不决，和她一起做事情总是要浪费很多时间。周末，妈妈带媛媛去吃肯德基，走到门口时媛媛发现一边是肯德基一边是麦当劳，她就开始犹豫了，去哪里吃成了一个大问题。妈妈知道媛媛的毛病，毫不犹豫地说："去麦当劳！"媛媛却说："我没有想好，等会儿。"妈妈着急，等了半天还是没有答案。妈妈拉着媛媛就走进了麦当劳。这样的事情天天上演。今天做作业，是先做数学还是先做语文，媛媛思量了几分钟。爸爸急了，吼道："先写语文！"媛媛看见爸爸不高兴了，便打开语文作业本开始写起来。

很显然，媛媛是一个遇到事情拿不定主意、犹豫不决的孩子。

犹豫不决是迟疑、拿不定主意的意思。由这个定义我们就能看出来，一旦一个人做事变得犹豫不决，那么他就会不停地思考，不停地权衡，这也会使得他的行动变得缓慢。

有的孩子就经常犹豫不决，如果要问他要不要去某个地方，他一定会在那里想半天："是去呢？还是不去呢？"大量的时间就被他这种不断的而且毫无意义的思考浪费掉了，他做起事来自然就会磨蹭拖沓。长此以往，对孩子的成长与心理健康是不利的。

那么，孩子这种遇事拿不定主意、犹豫不决的性格是怎么形成的呢？对于孩子来说，他们之所以形成优柔寡断的性格，与家长的教育是分不开的。有些家长出于好心，唯恐委屈了孩子，一味地包办代替或过多干涉孩子的事情，使得孩子无独立做事的机会，一旦遇事让他拿主意时，就不知所措，祈求别人的帮助。还有一些父母望子成龙心切，对待孩子往往期望过高，总是不满意孩子的表现，赞许少，批评多。有的父母甚至让孩子做力所不能及的事，又不帮助他，使得孩子对成功的体验少，而经常感到失败的痛苦，这样会降低孩子的自信心，害怕做错事，更不愿意拿主意。

虽然我们不提倡孩子鲁莽行事，但我们也同样不希望孩子变得过分地瞻前顾后。他不能总是左右衡量，当机立断才是孩子能快速做事的条件，否则犹豫不决一定会使他变得拖沓。而且，时间长了，孩子就会形成犹豫不决的个性。所以，我们该及时帮他纠正这种不良习惯。

1.给孩子选择的机会

一个人在做出决定以前，需要考虑利弊得失，再做出最佳选择。家长应在一定范围内给孩子充分自主的机会，让孩子有自我决策和选择的权力，凭自己的思考、能力去决定做什么事，怎样做。如到商店给孩子买玩具时，父母应鼓励孩子自己拿主意选择自己喜欢的款式与花色；又例如，儿童乐园是孩子常去的地方，也是孩子最喜爱的地方，有的父母寸步不离地陪着孩子，规定孩子这个可以玩，那个不能玩，防止孩子出意外。这时，父母不妨让孩子自己做主，只给孩子以启发引导，适时地提醒孩子注意安全，鼓励孩子与其他小朋友开展竞赛，学习别人好的经验，同时鼓励孩子自己创新。

2.让孩子学会勇于决断

俗语说：三思而后行。于是有些孩子便以这句话做挡箭牌，把果敢说成冲动。但事实上，一件事情他们可能已经三思、四思、五思了，可迟迟不能做决定。现在社会瞬息万变，机会可以在瞬间出现，也可以在瞬间消失，所以父母要告诫孩子，分析完情形后，要立即决断，不然机会便会溜走。果敢不是冲动，需要孩子进行思考，但是如果思考过了还迟迟不行动，就不是谨慎的表现，而是犹豫不决。父母应该鼓励孩子认真思考各方面利弊，勇敢而果断地行动，不要把思考过的问题一遍又一遍地思考，耽误了成功的机会。

3.正确评价孩子做的事

对孩子要求不能过高，要多鼓励、少批评。对竭尽全力也没做好的事，父母要给予理解，告诉孩子："没关系，以后再慢慢努力，爸爸小时候也经常这样。"家长正确的评价，可以减轻孩子的心理压力，让孩子鼓起勇气去拿定主意。对孩子提出要求时，一定要根据孩子的个性特点、能力水平提出适当的要求，让孩子做力所能及的事，通过自我激励，体验成功的喜悦，获得信心。在孩子做事时，成人应提出具体、明确要求，尽量让孩子明白怎样做。含糊不清、笼统的要求反而会使孩子感到无从下手，拿不定主意。

4.培养孩子自信心

自信是孩子克服犹豫不决的前提。一个人如果对自己不自信，不能从容地面对挑战，很难想象他可以果敢地做出决定。在平时的生活中，父母应该多鼓励孩子，让他们正确认识自己，相信自己，并且多让孩子去接触外部的世界，例如，参加聚会、参加集体活动等，让孩子面对挑战和变化时，保持从容的态度，这样他们才能正确思考，准确地把握时机，迅速出手夺取胜利。

教孩子宽以待人

宽容是人的一种美德，是做人的一种风度和境界。现实生活中，人们有时会遇到别人对不起自己或做了有损于自己的事情，对此我们不能耿耿于怀，不应过分计较，笑一笑就让它过去，这就是宽容。

宽容是做人的一种豁达，也是一种智慧，如果父母教会孩子学会宽容，那么孩子就掌握了与人交往的一种智慧。但遗憾的是，现在的孩子大多是独生子女，以自我为中心，做事很少顾及别人的感受，而且对别人给自己带来的一点伤害总是耿耿于怀，不懂得宽容。

小强是个听话的孩子，但就是爱告状，一点小事就去找老师，"老师，朋朋欺负我，他刚才把我撞倒了""老师，巧巧把水彩墨水洒到我的书上了，我的书都没法看了"，等等。

一天，同学们正在玩游戏，忽然，形形不小心踩了小强一脚。看到刚买的白球鞋上有了一个大大的黑脚印，小强生气地跑到形形的身旁，狠狠地踩回她一脚。当老师质问小强为什么要这样做时，他却理直气壮地告诉老师："我妈妈说了，不能受别人的欺负，别人打我，我就要打别人。形形踩了我，我当然也要踩她。"

作为孩子的父母必须重视这个问题，千万不要忽视对孩子宽容心的培养。一个没有宽容心的孩子将很难融入社会大家庭与人们和睦相处，共同发展。

孩子的宽容心是非常珍贵的，它主要表现为对别人过错的原谅。这对孩子个性的健康发展，尤其是情感的健康发展，以及良好人际关系的建立有着非常重要的意义。富有宽容心的孩子往往心地善良、性情温和，惹人喜爱、受人拥护，而缺乏宽容心的人往往性情怪诞、易走极端，不易为人亲近，人际关系往往也不好。因此，教孩子学会宽容尤为重要，这不仅仅是为了孩子今天能处理好和伙伴的关系，更是为孩子将来的人生奠定基础。

李勤勤今天回来很不高兴，妈妈就问她怎么了。原来，今天同学王方借她的铅笔用，结果给弄丢了，害得勤勤上课没有铅笔用。可是，王方连"对不起"都没跟自己说，所以勤勤觉得王方这样做很不对。

妈妈听了，就问勤勤："那你今天上课没有铅笔用，有没有影响写字呢？"

"那倒没有，我跟别的同学借了一支，用完就还给人家了。"勤勤说。

"哦，这样呀。既然没有影响你写字，那你就原谅王方吧。她也许不是故意要弄丢你的铅笔，也许是忘记跟你说'对不起'了，同学之间不应该这么计较的，你说呢？"

勤勤听完妈妈的话，觉得也有道理，便不再生气了。

宽广的胸怀不是天生的，而是靠后天的培养和教育的。生活中，父母要注意培养孩子拥有一个宽广的胸怀，从日常生活、学习中加以注意，不断对孩子进行宽容待人的引导和教育，逐渐使宽容的理念融入他们的品格之中。

1.父母要有宽容之心

要培养孩子宽容的品质，父母首先要有宽容之心。也就是说，为人父母者应该以身示教，给孩子做个好的榜样。试想，如果父母心胸狭窄，不懂宽容，无视他人意见，习惯于将自己的意志强加于人，为一点小事争执不休、斤斤计较，孩子又怎么能学会宽容呢？

有一位母亲，带着她的孩子到度假村玩，那天去游玩的孩子较多，工作人员一时疏忽，将她的孩子留在了网球场。等工作人员找到孩子后，小孩因为一人在空旷的网球场待着受到惊吓，哭得非常伤心。一位满脸歉意的工作人员在安慰这个四五岁的小孩。不久，孩子的妈妈来了，看见了自己哭得惨兮兮的孩子。这位妈妈蹲下来安慰自己的女儿，并且很理性地告诉她："已经没事了，这个姐姐因为找不到你非常紧张，并且十分难过，她不是故意的。现在，你应该亲亲这个姐姐的脸，安慰她一下。"孩子踮起脚尖，轻松地亲吻蹲在她身旁的工作人员的脸，并柔声告诉她："不要害怕，已经没事了。"

故事中的妈妈用自己的实际行动为孩子树立了正确的榜样，在孩子幼小的心田里播下了一颗宽容的种子，让孩子懂得了一个人要学会宽容和关心他人。孩子活在父母的影子中，只要父母拥有一颗宽容的心，孩子就会学着宽容、大度。

2.教孩子学会换位思考

所谓换位思考，就是指当双方产生矛盾时，能够站在对方的角度思考问题，思考对方何以会如此行事、如此说话。如果真的能够做到这一点的话，就能够理解对方，就能够减少很多不必要的矛盾。

许多孩子只习惯于从自己的角度思考问题，而不习惯于站在别人的角度思考问题。要避免这种现象的发生，最有效的办法就是教会孩子换位思考。

阳阳将一本新买的《海贼王》漫画书带到了学校，她一下课就翻出漫画书高兴地翻阅起来。不巧，同桌起身时不小心将墨水瓶碰翻，墨水洒到了漫画书上，把《海贼王》漫画书弄得脏兮兮的，让阳阳无法继续看下去了。阳阳很生气，不但让同桌赔她新的《海贼王》，而且把这件事告诉了班主任老师。结果，阳阳的同桌被老师批评了一顿。

放学回家，当阳阳跟妈妈说这件事情的时候，妈妈严肃地对她说："谁都有不小心犯错误的时候，如果你犯了同样的错误，你的同桌大喊大叫，让你赔，还让老师批评你，你会觉得舒服吗？"

阳阳说："我会很难受的。"接着，妈妈又告诉阳阳，对人要友好、和气，不能斤斤计较，尤其是对待同学，要大度、宽容，像今天这样的情况，应该说没关系。这样，才能成为受同学欢迎的人，成为快乐的人。这件事给阳阳留下了深刻的印象，在妈妈的启发下，阳阳渐渐理解了宽容的含义，学着去宽容待人了。

在孩子与他人发生争吵或矛盾时，家长可以教孩子学会从他人的角度看待问题，让孩子把自己置于别人的位置，并站在他人的角度来思考问题。这样孩子不仅可以理解别人，还能赢得友谊。父母应该教育孩子经常自问："要是我处在这种情况下，我会怎么想，又会怎么做呢？""我现在应该为他做点什么，他的心里才会好受一些呢？"这样，孩子往往会看到问题的另一面，从而养成宽容的品格。

让孩子学会尊重他人

古人云："尊人者，人尊之。"尊重他人是一种健康的人生态度，也是现代社会中最重要的人格品质。一个尊重他人的人才会受到他人的尊重。不尊重他人，实际上就是不尊重自己，也不可能得到他人的尊重。美国前总统克林顿在自传中写道："人生而平等，我们应该尊重每一个人，即使是那些被别人轻视的人，尊重别人就是尊重自己。人与人之间是平等的，大家只有相互尊重，相互关心，才能愉快地生活在一起。"

对孩子来说，尊重他人，也是一种必须具备的品德。孩子来到这个世上，内心世界一片空白，如果没有父母的指导与教育，孩子不会明白什么是尊重。所以，我们要教会孩子怎样去尊重他人。

东东是个不懂得尊重人的男孩，无论是看见长辈还是同龄人，他都喜欢讥讽、嘲笑别人。比如，当他看见别人衣服脏了，就会故意做出夸张的表情，说人家身上又脏又臭，让人很气愤也很无奈。

爸爸为了让东东学会尊重别人，就给他讲了一个故事："一家公司里有个业务员，主要工作是为公司拉客户。他的其中一个客户经营着药品杂货店，每次他到这家店里谈生意，总是先跟柜台的营业员寒暄几句，然后才去见店主。有一天，店主突然告诉他今后不用来了，因为他们公司的产品并没有给自己的药品杂货店带来很大收益，以后不想再买了。这个业务员只好离开了。他开着车在街上转了很久，最后决定再回去试一试说服店主。回到店里时，他像往常一样跟柜台的营业员打了招呼，然后去见店主。没想到，店主见到他很高兴，还没等他开口，就主动提出比平常多订一倍的产品。业务员十分惊讶，店主指着外头的营业员说：你离开以后，营业员过来告诉我，你是到店里来唯一一个跟他打招呼的推销员，他说，如果有什么人是我值得同他做生意的，那就应该是你。从此，这家店主成了这位业务员最大的客户。在一次公司的奖励大会上，已经成为王牌推销员的他说：关心、尊重每一个人是我们必须具备的品质，它往往会带给我们意想不到的收获。"

爸爸接着说："只有尊重别人，在社会上才能处理好人际关系，并且拥有很多的朋友，最后获得成功。如果你不尊重别人，别人也不会尊重你，你将失去朋友，甚至工作和家庭。你明白了吗？"

听了爸爸的话，东东陷入了思考。

尊重他人是一种美德，也是一种高尚的情操。只有尊重他人，才能获得他人对你的尊重。所以，尊重他人就是尊重自己。父母作为孩子的启蒙老师，除了要教会孩子基本的生存技能外，更要以身作则，教会孩子做人。而做人，做一个对社会有益的人，就必须学会尊重他人。

有位妈妈是高级工程师，她经常在小区里碰到一位收废品的外地人，每次她都微笑着跟这位外地人打招呼。外地人有些受宠若惊，因为小区里住的都是这个城市的精英人群，很多人对他视而不见，而这位女士是唯一一个主动跟他打招呼的人。孩子问妈妈："妈妈，为什么其他人都不理这位收废品的叔叔呢？"妈妈说："因为有些人认为自己的身份比他高贵。"孩子接着问："那妈妈不认为自己的身份比叔叔高贵吗？"妈妈说："是的，我们都是平等的。这位叔叔收废品也是在工作，妈妈做工程师也是在工作，我们都是工作者，所以我们是平等的。"妈妈接着说："如果我们的条件比别人好，那么我们更要尊重别人，不能瞧不起他们；如果我们的条件比别人差，那么我们也要尊重自己，不能自己瞧不起自己。你明白吗？"孩子点点头。

尊重别人这种品德，并不是天生获得的，它是良好的教育的结果。生活中，不少孩子不懂得尊重别人，可能是没有学会尊重，也可能没有体验过被尊重，这是家庭教育的缺陷，所以，父母要从小培养孩子尊重他人的良好品德，只要认真培养，你的孩子也一定能学会尊重别人。

1.父母要尊重孩子

世界著名社会活动家、作家池田大作说："尊重孩子的人格，孩子便学会尊重人。"尊重孩子要从关心孩子入手，只有受到尊重、关心、爱护的孩子才能尊重、关心、爱护周围的人。父母在与孩子交往中，要尊重孩子，不能任意摆布或训斥他们。在家庭教育中，家长应像尊重成人一样尊重孩子，把自己放在与孩子平等的位置上，遇到问题换个角度去思考，寻求与孩子心理上的沟通。当孩子从父母的尊重、爱护中找到自信、自身价值的时候，他们自然而然会尊重父母、尊重他人。

2.引导孩子尊重他人

一天，妈妈带周全逛公园。在去公园的路上，一位腿有残疾的阿姨在他们前面走。看到那个阿姨一瘸一拐的走路姿势，周全感觉很好玩，于是就学着她一瘸一拐地走路，结果引得旁边的路人哈哈大笑。

这时候，那位阿姨已经知道了周全在模仿她，她只是无奈地笑了笑。妈妈连忙严厉地喝止了周全的行为，并且告诉儿子这样做会伤害到别人，是不尊重别人的表现，也是不道德的行为。然后，妈妈带着周全赶着去给那个阿姨道歉。

通过这件事，周全认识到了自己的错误，以后再也没有犯过同样的错误。

周全的妈妈能够及时制止周全的错误行为，并加以正确的引导，这样不但减少了周全对别人的伤害，而且让他学会了如何尊重别人。

生活中，我们常会看到这样的现象：不少孩子喜欢叫别人外号，见到别人陷入困境会加以嘲笑，看到别人倒霉会幸灾乐祸。孩子这样做，有时是因为想看热闹、好奇，有时是想开个玩笑，有时则只是盲目地跟着别的孩子做。他们并没有理解这样做是不尊重别人，没有意识到他们这样做会伤害别人的心灵。

当出现这种情况时，家长要平静地与孩子谈，然后有针对性地指出孩子这样做的坏处，要让孩子设身处地体会到不受别人尊重的感觉，要让孩子知道，有教养的孩子应该同情别人，帮助别人，尊重别人。尊重别人的人才会受到别人的尊重，尊重别人就是尊重自己。

3. 为孩子树立榜样

曾经有一个男孩，满口脏话，经常欺负女生，甚至对女老师也不恭，他的母亲也多次来校向老师哭诉，这孩子在家里是如何对她无礼的。虽经老师教育，但收效甚微。看他的样子，瘦瘦弱弱，并不是那种天生一副野蛮相的孩子。出现了这一情况的原因究竟是什么？直到有一天老师去家访才恍然大悟。那天开门迎接老师的是男孩的父亲，老师便随口问了声孩子的母亲在哪里，他的父亲则轻蔑地说："还瘫在床上呢，死猪婆！"父亲如此当着孩子的面而且不顾有外人在场去侮辱自己的妻子，怎么可能在孩子心中树起母亲崇高的形象呢？男孩又怎么能很好地去尊重他周围的女性呢？老师愤怒至极，当着男孩的面批评了他的父亲，这位父亲也意识到自己的行为对孩子的不利影响，感到惭愧和后悔，向妻子道歉，后来学会了尊重妻子。这个男孩不尊重他人的毛病也慢慢地改掉了。

英国著名教育理论家斯宾塞说过："野蛮产生野蛮，仁爱产生仁爱。"父母本身的态度，对孩子的影响十分重要。生活中，父母与他人交往中的行为、态度和方法，或多或少会渗透到孩子的言行中去。父母身体力行地尊重别人，替别人设想，孩子看在眼里，自然会学习。例如，在家庭中，父母对自己的长辈是否尊重，是否孝敬；对长辈是否使用尊称；与人谈话时，是否放下手中的活，微笑地注视着对方，认真聆听对方说话而不随意打断别人的发言；是否背后议论别人的短处或给人起绰号，等等。如果父母时时注意，处处作表率，这种无声的教育就会影响孩子养成尊重他人的好习惯。

让孩子扛起责任的大旗

所谓责任心，就是责任感，是一个人对他所承担的任务的自觉态度，包括对自己的责任、对他人的责任、对集体的责任和对社会的责任。

责任心是人自主意识的表现，是干好一切事情的内在动力。一个有责任心的孩子常能做到自觉、自爱、自立、自强，对自己、对他人都有一份责任感。责任心的培养有助于孩子理解、体谅他人，养成合群的好习惯。一个有责任感的孩子通常都会是一个懂事的孩子，将来也会取得不平凡的成绩。可以说，责任心是一个人走向成功和拥有幸福人生的必备条件。

有这样一个小故事：

有一个人到瑞士访问的时候，在洗手间听到隔壁小间里一直有一种奇特的响声。由于响声时间过长，而且也过于奇特，不知不觉中吸引了他，在好奇心的驱使下，他通过小门的缝隙向里探望。这一看使他惊叹不已：一个只有七八岁的小男孩正在修理马桶的冲水装置。他一问才知道，这个小男孩上完厕所以后，因为冲水装置出了问题，没能把脏东西冲下去，因此他就一个人蹲在那里，千方百计地想修复那个冲水装置，而他的父母当时并不在他的身边。

这件事令这个人非常感慨。多么了不起的孩子啊！虽然他年仅七八岁，但竟然有如此强烈的责任心。

责任心是一种道德素质和能力要素，它影响孩子的学习和智力的开发，同时，它也是一个人以后能够立足于社会，获得事业成功、家庭幸福的至关重要的人格品质。

现在许多父母注重孩子的智力开发、才艺培养，却往往忽视了对其责任感的关注，这对孩子的成长、成才非常不利。

责任心是培养孩子健全人格的基础，是能力发展的催化剂。在大力提倡素质教育的今天，家长应用自己的爱心、耐心和智慧去培养孩子的责任心。美国道德教育协会主席曾说："能力不足，责任可补；责任不够，能力无法补；能力有限，责任无限。"对孩子进行责任意识和责任感的教育就是让孩子学会对自己负责，对他人负责，从而对整个社会负责。

一位父亲问孩子：如果在未来的一天，太阳向人类发射出一种有害的毒光，凡是被这种光照射的人都会死去，但有一个人，他拥有一支神笔，可以画一把防止毒光照射的保护伞，可是画伞的人是非常危险的，那么由谁去画这把伞最合适呢？

于是孩子开始一一列举最佳人选：爸爸、妈妈、爷爷、奶奶……唯独没有列自己。

孩子说完后，父亲说："我想，在面临危险时，我最应该去画这把伞。我要尽全力去保护我的家人，因为他们都是我最亲最爱的人，我有责任不让他们受到任何伤害。"孩子听完后对爸爸说："我要和爸爸一起画。"

这位父亲通过恰当、巧妙的引导，让孩子知道做人要有责任心，因此，他对孩子的教育是成功的。

培养孩子的责任心不是一朝一夕的事，是一个漫长而反复的过程。父母必须高度重视，从小做起，从小事做起，让孩子在有责任感的氛围下快乐成长，在潜移默化中使自己的责任心得到培养，养成良好的责任意识，从而培养孩子健康的人格。

1.多给孩子承担责任的机会

孩子是在体验中长大的，多让孩子承担一些责任，是培养孩子责任感的最佳途径。在孩子成长的过程中，家长要适时给孩子加担子，明确他所要承担的责任。

有一位母亲要带12岁的儿子去游乐场，出家门的时候，父亲嘱咐道："儿子，你已经是一个小男子汉了，替爸爸照顾好妈妈，记得要把妈妈带回家呀。"一路上，儿子一直紧紧牵着妈妈的手，还时不时地问妈妈是否口渴。他认为，他的责任就是要把妈妈照顾好，把妈妈平安带回家。

孩子的责任感只有在反复的实践中才能逐步形成。因此，家长要给孩子机会，让他对家庭承担一些责任。生活中，家长要敢于给孩子委以"重任"，让孩子感到自己在家中的重要性。别总是认为孩子还很小，什么事都做不了、做不好，每一个小的地方，家长都不应放过，更不能怀着"大事化小，小事化了"的心理。对于孩子力所能及的事，创造条件有意识地锻炼孩子，让孩子学着负责任。只有多为孩子提供实践的机会，孩子才能逐渐提高自身的责任意识，孩子通过做事就会得到对"责任"的一种宝贵的心理体验，这样的心理体验多了，孩子的责任意识自然就会得到强化和提高。

2.让孩子对自己的言行负责

没有惩罚的教育是不完整的教育，没有惩罚的教育是一种不负责任的教育。当孩子犯了错误时给以适度的惩罚，让其以自己的行动弥补过失，就会达到"自食其果"的教育目的，使其记住教训，懂得对自己的过失负责，具有高度责任心。

高桥敷先生是日本著名的文化人类学学者，他在《丑陋的日本人》一书中，曾记述了这样一个真实的故事：

当年，高桥敷先生在秘鲁一所大学任客座教授，曾与一对来自美国的教授夫妇比邻而居。有一天，这对美国夫妇的儿子不小心将足球踢到了高桥敷先生的家门上，打碎了一块花色玻璃。

发生了这样的事情，高桥敷先生按照东方人的思维，认为那对美国夫妇会登门赔礼道歉。然而，事情的发展却出乎他的意料。

第二天早上，那个孩子在出租车司机的帮助下，送来了一块玻璃。小家伙彬彬有礼地说："先生，对不起。昨天是我不小心打碎了您家的玻璃，因为商店已经关门了，所以没能及时赔偿。今天商店一开门，我就去买了这块玻璃，请您收下它，也希望您能原谅我的过失。请您相信我，今后不会再发生这样的事情了。"

高桥敷先生当场原谅了这个小男孩，款待这个男孩吃了早饭，并送了他一袋日本糖果。

高桥敷先生原以为事情画上了句号，没想到美国夫妇却出面了。他们将那袋还没有开封的糖果还给了高桥敷先生，并解释道："一个孩子在闯了祸以后，不应该得到奖励。"

这就是美国家长对孩子犯错的态度，他们不会代孩子向人家道歉，不会为孩子承担责任。在他们看来，孩子应该从小学会对自己的行为负责。

孩子处于成长之中，对一些事情往往没有责任感，因为许多时候他们不知道责任是什么，所以为了培养孩子的责任心，家长可以适当地让孩子"尝"一下办事情不负责任的后果，教孩子如何去面对并接受这次失败的教训，从中获得成长。

3.父母言传身教

帮助孩子树立责任感的最好方法，就是家长用自己的行动为孩子树立榜样。

有一天晚饭后，父亲带着儿子去公园散步，忽然发现前面的地上有一个被丢弃的饮料瓶，强烈的责任心使父亲不由自主地捡起来，然后扔进了附近的一个垃圾箱里。儿子问父亲为什么要这样做，父亲说，良好的环境需要大家共同来维护，我们每个人都有责任这么做。听了父亲的话，儿子略有所悟。以后，每当在公共场所见到别人丢弃的废纸或饮料瓶，他都会主动捡起来，扔进垃圾箱内。

可见，家长是孩子的一面镜子，父母的责任心水平可以折射出孩子的责任心。一个对家庭、社会毫无责任感的父母，不可能培养出有责任心的孩子。父母在生活中所表现的责任感的强弱，是孩子最先获得责任感的体验。所以说，父母只有在生活中严于律己，给孩子做好表率，才能更好地去影响和教育孩子。

给孩子上一堂挫折教育课

古人云："人生不如意事十之八九。"人的一生是不可能一帆风顺的，在人生历程中遭遇失败，出现挫折是正常的，关键在于我们该如何正确面对挫折。只有在逆境中不气馁、不放弃，保持一颗积极向上的心，才能走出困境。

　　我国著名儿童教育家、儿童心理学家陈鹤琴曾说过："不要担心孩子的失败，应该担心的是，孩子为了怕失败而不敢做任何事。"在人生历程中遭遇失败，出现挫折是正常的，如果连一点小小的失败都承受不了，是无法适应这个社会的。因此，从小培养孩子的心理承受能力，对孩子进行适当的挫折教育是十分必要的。让孩子了解失败，可以让孩子学会平和地处理失败的心情，加强承受挫折的能力，将来长大后，心态就会比较成熟，在面对失败时，会用更从容的心态，准备下一次的挑战，敢做才有可能成功。

　　冯涛在一所重点小学的实验班上学，成绩优异的他，考试得第一是"家常便饭"。为此，大家为他起了个绰号："永远的第一名"。

　　可是，这个绰号在叫了几年之后，却在小升初的考试中戛然而止。这次冯涛考砸了，小升初的分数，别说上重点中学，就连二级以上的中学都考不上。

　　当看到分数的那一刻，冯涛伤心地哭了。他躺在床上想：完了，一切都完了。冯涛恨不得打自己几下。

　　妈妈看到儿子气急败坏的样子，温和地说："谁的人生总能够一帆风顺呢？挫折是难免的，对于坚强的人来说，失败更能磨炼他的意志。妈妈相信你，只要用乐观的心态去面对这次的失败，你就会战胜它的。"

　　听完妈妈的话，冯涛沉思了一会，他想到了自己曾经在一本书上看到的一句话：生活中，总会遇到许多的小失败和小挫折，但是，只要不放弃，继续快乐地生活，乐观地面对失败和挫折，那我们就称得上是生活的强者！

自此之后，冯涛发奋学习，在妈妈的帮助下，制订了合理而周密的学习计划，一步步地实践着。就这样，冯涛的各科成绩都进步得很快，在初一上半学期考试时，冯涛又名列前茅了。

世上没有常胜将军，孩子也不可能只胜不败。挫折和失败往往是极好的老师。父母一定要给孩子上好"挫折"这一课，使孩子善于从失败中找到开启成功之门的钥匙，从而帮助孩子从幼稚走向成熟。

法国启蒙思想家卢梭曾在《爱弥尔》中这样写道："人们只想到怎样保护他们的孩子，这是不够的。应该教他成人后怎样保护自己，教他怎样忍受得住命运的打击，教他不要过于在意豪华和贫困，教他在冰岛的冰天雪地或者马耳他岛的灼热岩石上也能够生活。你劳心费力地想使他不致死去，那是枉然，他终究是要死的……所以问题不在于防止他死去，而在于教他如何生活。"没错，既然挫折是孩子生活中不可或缺的必修课，我们为什么不抓住这个教育机会，让孩子在挫折中汲取教训，然后武装自己以迎接未知的挑战呢？

有一对农村夫妻对孩子宠爱有加。在蜜罐中成长的儿子养成了一意孤行的脾性，做事毛毛糙糙，就连走路也走不好，时常跌进水田里。这让望子成龙的父母很担心。

儿子7岁那年上小学。顽皮的他走路喜欢东张西望，不是弄湿了鞋子，就是弄脏了裤子，哭鼻子成了家常便饭。

一天，孩子的父亲带上一把铁锹在儿子上学必经的田埂上断断续续地挖了十几道缺口，然后用棍棒搭成一座座小桥，只有小心走上去才能通过。那天放学，儿子走在田埂上，看到面前一下子多出了这么多小桥，很是诡异。是走过去，还是停下来哭泣？四顾无人，哭也没有观众啊。于是他选择走过去。当背着书包的他晃晃悠悠地通过小桥时，惊出一身冷汗，但他没有哭鼻子。

吃饭的时候，儿子跟父亲讲了今天走小桥的经历，脸上满是神气。父亲坐在一旁不断地夸他勇敢。

妻子对丈夫的举措有些不解，丈夫解释道："平坦的道上，他左顾右盼，当然走不好路；坎坷的路途，他的双眼必须紧盯着路，所以才能走得平稳。"

故事中的儿子就是如今赫赫有名的"经营之神"松下幸之助。他的父亲松下三郎在临终前一再叮嘱松下幸之助的母亲："在孩子成长的路上，一定要设置一些他能独自跨越的障碍，如果你一味地让他在顺境中成长，等长大后，一旦遭遇挫折，他必然会经受不住打击，而发生种种令人意想不到的后果。"

这就是挫折教育的力量。挫折教育可教会孩子学会自控，增强孩子的意志，提高孩子的个性品质，是目前家长对孩子的单一培养方式——智力培养的补充。它能使孩子在将来的生活中战胜自我，从容地面对挫折的打击，最大限度地发挥自己的潜能，对孩子今后生活的幸福及事业的成功有着十分重要的意义。

挫折教育是孩子的必修课，没有经历过挫折的孩子长大后将因不适应激烈的竞争和复杂多变的社会而倍感痛苦。美国的一位儿童心理学专家说："有着十分'幸福'的童年的人常有着不幸的成年。" 不让孩子遭受小挫折，他长大后就无法克服大困难。挫折教育其实就是使孩子不仅能从外界给予中得到快乐，而且能从内心激发出一种自寻快乐的本能。这样在挫折面前才能泰然自若，保持乐观。

挫折是培养独立意识的沃土，对孩子进行挫折教育，能够让他们知道：生活是多彩的，也是艰辛的。只有经历了失败和挫折的磨砺才能换来生活的甘甜。就好比爬山，只有经历了千辛万苦，才能领略顶峰上的无限风光。

1. 给孩子设置一些受挫折的机会

吴一飞是家里的独生子，爸妈从小就对他娇生惯养，什么事情都不让他碰。一是怕误伤了他，二是不忍心让他做事。这样吴一飞从小到大，都是衣来伸手，饭来张口，任何事情都不动手。

后来，吴一飞上了中学，中午在校吃饭，他看着同学们放学后都拿起碗筷去食堂排队打饭，自己却迟迟不敢上前。最后，犹豫了很长时间，他饿着肚子给妈妈打电话，哭着说自己还没有吃饭，让妈妈赶快到学校来。

吴一飞的妈妈看到这种情形才发觉自己以前太娇惯儿子，十分后悔没有给吴一飞提供受挫折的机会，以至于儿子现在什么事情都做不了，遇到一点小困难都克服不了，只想找父母来帮忙。

生活中，不少父母对孩子十分娇惯，什么事情都为孩子包办，让孩子衣食无忧、一帆风顺地长大，什么事情都没有做过。但父母这样做的结果，只能使孩子在面对挫折时如临大敌，想方设法去逃脱，而不是积极地思考如何去解决。因此，父母应该给孩子提供受挫折的机会，让孩子尽早开始去做各种力所能及的事情。这样孩子以后遇到任何困难，都会积极地想办法去解决。

2.引导孩子正确认识失败

悦悦是小学三年级的学生，有一次考试，许多同学语文和数学都考了双百，而她数学却只考了80多分。自尊心严重受挫的悦悦回到家里委屈地哭道："许多同学都笑话我，说我是大笨蛋……"

妈妈连忙把女儿搂在怀里，一边给女儿抹眼泪，一边安慰女儿："我女儿根本就不笨啊，不用哭，哭有什么用？只要有志气就能赶上去。妈妈刚上学时也不如别人，好多孩子都比妈妈学得快。妈妈暗中咬牙努力，老师上课我注意听，早上我比别人早起……后来，我终于成了优等生。你不要胆怯，要有信心。只要努力，就一定能赶上去！"

悦悦听了妈妈的话，心中的阴影一扫而光，此后，悦悦开始发奋努力学习，到三年级下学期，悦悦的成绩终于上去了。

正所谓"失败乃成功之母"，当孩子面对失败时，父母可以通过给孩子讲英雄人物成功前的挫折或父母小时候遭遇挫折的故事，让孩子懂得生活中随时可能会遇到挫折，只有勇敢地去克服困难，本领才会越来越大。也可以找一些适合的电影推荐给孩子看。剧中的主角曾经遭受伤害（背叛、排挤、误解），但是，最后总能闯过难关。这些影片可以帮助孩子在以后碰到同样困难时，有信心去面对以及学会寻找解决困难的方法。

3.让孩子从挫折中吸取教训、总结经验

有一位母亲的教育经验是这样的：

媛媛今年12岁，是一个个性很强的小女孩，平时在班里的表现一直不错，而且是个体育爱好者。六一儿童节的时候，学校准备办一场运动会，媛媛兴致勃勃地报了名，课余时间也积极练习。但是在班级选拔的时候，兴致很高的媛媛在最喜欢的长跑中落选了。回家后，媛媛非常失落，也不吃晚饭，一个人在房间里生闷气。爸爸发现不对劲后，通过多方面打听，知道了女儿落选的事情。她认真地和女儿分析了落选的原因，例如，兴趣很大但实力欠缺，等等。所以接下来的时间，妈妈除了让她继续保持对长跑的兴趣外，又协助媛媛制订了一项适合她的长跑计划。一段时间之后，媛媛不但通过长跑增强了自己的耐力和体力，整个人也变得更自信、更有活力了。

俗话说：吃一堑，长一智。既然挫折是人生不可避免的，那么我们就要引导孩子积极应对挫折，在挫折和困难面前，查找事情发生的原因，借助自己的能力或者外在条件去寻求对策、解决问题，并从中总结经验教训，最后转化为宝贵的知识财富。

培养诚实的孩子

林肯说："你能欺骗少数的人，你不能欺骗大多数的人；你能欺骗人于一时，你不能欺骗人于永恒。"诚实是一种美德，说谎则是不诚实的表现，是人人都厌恶的一种不良品质。

《狼来了》的故事，大家耳熟能详，它告诫我们：一个不诚实爱骗人的孩子，最后没有人会相信他。不诚实、说谎话向来被人们唾弃，并被当作人的恶习之一。不难想象，一个爱说谎、愚弄他人的孩子很容易让人产生厌烦和不信任感，甚至受到他人的鄙视。这样的孩子必然会跟社会环境格格不入，必然遭到集体和社会的否定。所以，父母要教育孩子做一个诚实的人，具有诚实的品质往往能使孩子结交更多的朋友，得到更多的帮助，受到更多的关怀，这对孩子的身心健康发展无疑有重要的作用。

一个名叫卡尔的16岁少年，有一次开车载着父亲到30公里外的一个城镇去办事，对刚刚学会开车的卡尔来说，他求之不得。卡尔开车把父亲送到了目的地，说好下午4点再来接父亲，然后他把车放在了附近的一个加油站那里。由于要空等好几个小时，卡尔决定去加油站附近的电影院看电影。谁知，电影太精彩动人，以至于卡尔忘了时间。等最后一部影片结束的时候，他才发现，已是下午6点了。

他想，如果父亲知道他一直在看电影一定会责骂他，甚至不会再让他开车了。

他打算对父亲说车坏了，需要修理，所以花了很长时间。当他把车开到他和父亲约定的地点时，父亲正坐在一个角落里耐心地等待着。卡尔首先为迟到向父亲道歉，然后告诉父亲他本来是想尽可能快些过来的，但是车子出了毛病。他将永远不会忘记这一刻他父亲看他的眼神。

"对于你认为必须对我撒谎这一点，我感到非常失望，卡尔。"父亲说。

"噢，您在说什么？我讲的全是真话。"卡尔仍辩解着。

父亲又看了他一眼。"当你没有按时回来的时候，我就打电话给加油站了，他们告诉我你一直没有过去取车。所以，我认为车子根本没有任何毛病。"卡尔感到了一种负罪感，他无奈地承认了他去看电影的事实以及迟到的真正原因。

"我很生气，不是对你，是对我自己。我已经认识到，我其实是个失败的父亲。我很失败是因为我养了一个不能跟他的父亲说真话的儿子。我现在要徒步走回家，以对这些年做错的事情进行反省。"

"但是爸爸，这儿离家有足足30公里，而且天已经黑了，您不能走回去。"不管卡尔说什么都是徒劳的。他的父亲开始沿着尘土弥漫的道路行走。他迅速跳到车上在后面跟着他的父亲，希望父亲可以改变主意停下来。他一路上都在忏悔，告诉父亲他是多么难过和后悔。但是父亲根本不理睬他，继续沉默着，思索着，脸上写满了痛苦。整

第三章 耐心培养，塑造孩子健全的人格

整30公里的行程，卡尔一直跟着父亲。

看着父亲遭受身体和情感上的双重痛苦，卡尔非常难过。然而，这却是他生命中最重要的一课。从此以后，他再也没有对父亲说过谎。

孩子是否有诚实的品德，直接关系到孩子将以一种什么样的态度去对待人生，也关系到他人将对其行为做出何种评价的问题。无论何时，诚实的孩子都是优秀的，他们真诚地对待每个人、每件事，坦坦荡荡，光明磊落，他们一定会在学业与人生的发展道路上越走越稳，越走越好。为此，作为父母，应利用一切可利用的机会以各种形式对孩子进行引导、教育，鼓励孩子养成诚实的品德。

有这样一个小故事：

一位国王要选择继承人，于是发给每个孩子一粒花种，约好谁能种出最美丽的花就将谁选为未来的国王。当评选时间到来时，绝大多数孩子都端着美丽的鲜花前来参选，只有一个孩子端着空无一物的花盆前来。最后，这个孩子被选中了。因为孩子们得到的花种都已经被蒸过，根本不会发芽。这次测试，不是为了发现最好的花匠，而是为了选出最诚实的孩子。

谎言就像那些争奇斗艳的花朵，它虽然能带给人们暂时的美感，但它终究是要枯萎的；而诚实就像那深埋在泥土里的果实，会在那里生根发芽，最终喜获丰收。

诚实的孩子是受人欢迎、尊重和信任的。在家庭教育中对孩子诚实品质的培养，能使孩子抵御不良品质的侵袭。当孩子一旦形成诚实的品质后，他们就不会在父母、老师、同学面前或弄虚作假，当面一套背后一套。因此，培养诚实的品质是使孩子形成优良品质，克服不良品质的重要途径。

1.及时纠正孩子的说谎行为

斯宾塞曾说：要想使孩子成为一个堂堂正正的人，这些规矩必先学会遵守：要教育孩子讲真话，不说假话；做错事勇于承认错误并及时改正；无论怎样都要做到诚实。如果家长对孩子的错误行为没有及时地纠正，而是听之任之，任其发展，这只能助长孩子的不良习惯。所以，当发现孩子不诚实的行为时，家长一定要及时纠正。

　　磊磊是一个初中一年级的学生，因为平时妈妈管得比较严，磊磊每天回家后，都是在妈妈的监管下，认真完成作业。一旦发现字迹不工整或者有什么错误，妈妈就劈头盖脸一顿训斥。最近妈妈的工作较忙，无暇顾及孩子的学习情况，只是在吃完饭时问孩子一句，作业做好了吗？磊磊总是痛快地回答，做好了。因此，妈妈一直以为磊磊在学校表现不错。

　　可是，当期中考试结果出来以后，妈妈看到磊磊的语文和数学都是不及格，这下妈妈慌了神，连忙请假去见磊磊的班主任。

　　班主任老师告诉磊磊的妈妈，磊磊最近一段时间从来不做家庭作业，上课也不认真听讲。

　　妈妈听了班主任老师的话，非常生气。等到磊磊放学回家，妈妈

问磊磊：平时做不做家庭作业？磊磊还像平时一样回答妈妈。

妈妈一听就来了火，她走到磊磊面前，给了磊磊两个耳光，磊磊怕妈妈再打自己，只好向妈妈求饶，说自己再也不敢说谎了，今后一定认真完成家庭作业，妈妈相信了磊磊的话。

可是，过了一段时间，磊磊仍然不做作业，照样向妈妈撒谎。不管妈妈是打、还是训斥，磊磊依旧还是撒谎，没有悔改的意思。

孩子说谎是有个形成过程的，假如孩子初次说谎成功，就会为形成坏习惯打开一扇门，而坏习惯一旦形成，就难以纠正。对初次说谎的孩子，父母不能生硬训斥，又是批评又是骂，我们要做的不是为了惩罚而惩罚，要明确的是如何让孩子改正错误。当孩子第一次说谎时，父母应当注意让孩子觉得说谎是不对的，好孩子是不说谎的，要明确地提出下次不许说谎，要做一个诚实的好孩子；最后，要和孩子探讨如何改掉说谎的毛病。孩子由于年龄小，缺少经验，说谎话时一定破绽很多，驴唇不对马嘴，不合乎情理，容易被察觉。因此，只要父母留心，仔细观察分析，进行细微耐心地教育，孩子说谎的缺点是容易得到改正的。

2.满足孩子合理的需要

每个父母都希望自己的孩子诚实，不喜欢撒谎的孩子。但是，许多孩子却表现得不尽如人意。究其原因，大多是由于孩子的某种需要引起的，比如为了满足吃的需要、玩的需要，甚至是为了逃避受批评、受惩罚，这些都助长了孩子撒谎的恶习。

有位美国学者，他到监狱里面去访问50个罪犯，研究他们是怎么犯罪的。他发现了一件很有意思的事：有一个罪犯说他是从撒谎走向犯罪的。他为什么要撒谎呢？他小时候，家里面兄弟姐妹好几个，有一次分苹果吃，其中一个苹果又大又红，孩子们都想要那个大红苹果。老大说："妈，大的红苹果给我吃。"妈妈瞪他一眼说："你不懂事，你怎么带头吃大的呢？"

这个罪犯回忆说，当时他观察发现，谁越说要，他妈妈就越不给谁，谁不吱声或说了反话，谁就最有希望得到。这时他就撒谎说："妈妈，我就要最小的苹果。"

妈妈说："真是个好孩子，就把大苹果给你。"哎呀，好家伙，说假话可以吃到大苹果！啊，越想要就越不说，到时候，你"表现好"就可以得到。孩子为了吃大苹果，所以就说假话。你看，这就是妈妈的失误。

孩子不诚实的行为大部分是出于某种需要，如果孩子合理的需要没有得到满足，他必然会寻求满足需要的办法，如果父母对这种合理的需要过分抑制，孩子就会换种方式，以某种不诚实的行为来满足自己的需要。因此，父母应该认真分析孩子的需要，尽量满足其合理的部分。父母应该认真倾听孩子的心里话，而不要以成人的想法去推测孩子的心理。孩子向父母讲述了他的需要后，父母应该跟孩子一起分析，让孩子明白哪些是合理的、正确的，然后及时满足孩子合理的需要；对于不合理的需要，则要对孩子讲明道理。

3.与孩子形成互相信任的关系

父母和孩子形成真诚和互相信任的关系，是培养孩子诚实品格的一个重要条件。现实中，有许多父母认识不到这一点，他们总是对孩子抱着不信任的态度。不论孩子做什么事，说什么话，他们都要持怀疑态度，甚至再三追问、刨根问底，非抓住孩子说谎的把柄不可。这样做的结果，只会适得其反。

　　一位母亲，在孩子小的时候，就像防小偷一样防着孩子。这位母亲总是认为：孩子只要有机会，就一定会在钱上做手脚。她不仅把家里的钱放得很隐蔽，不让孩子知道，而且孩子每次买完东西后，她总是用怀疑的口气问："是那么多钱吗？你可要说实话。"即使是她允许孩子从她包里拿钱，她都要说："来，妈妈看你多拿钱没有，不许偷偷多拿啊！"

　　在这位母亲的不信任下，孩子上初中后就开始从家里偷钱。被发现后，父母除了把孩子暴打一顿之外，只能感叹"自己怎么生了这样的儿子"。

　　撒谎的孩子让家长头疼，但究其根本，问题还是出现在家长自己身上。在现实生活中，我们经常会看到这样的父母：他们要求孩子吃完饭在房间里学习半小时，结果却每隔五分钟进去看一下孩子是否在偷懒；他们要求孩子去买件东西，却总担心孩子用多余的钱买零食吃。父母的这些行为，往往导致孩子用撒谎来对抗，而父母却认为自己的怀疑是有根据的，这就更加助长孩子的不诚实。

　　其实，父母尊重和信任孩子，孩子才会反过来更加尊重、信任父母。信任父母的孩子是不会说谎的，因此，与孩子相互信任，孩子就不会说谎了。

第四章

因势利导，
帮助孩子解决学习中的烦恼

　　我们都知道，学生的主要任务是学习，因此，帮助孩子认识和解决学习活动中的各种心理问题，应该是家庭教育的重中之重。家长只有树立正确的教育观念，掌握科学育人的方法，通过逐步关心孩子的学习情况，了解孩子的学习心理，适当地进行引导，才能够帮助孩子解决学习中的烦恼，提高孩子学习的信心和兴趣，让孩子掌握有效的学习方法。

孩子的上学恐惧症从何而来

厌学是孩子较为常见的一种心理。厌学相对于善学、乐学而言，无疑会扼杀或阻碍孩子学习的热情与欲望，束缚和困扰孩子美好的心灵，对孩子的健康成长与发展，都会造成严重的危害。

刘杨今年上初二，但妈妈却对他越来越失望了。不是因为他的成绩一直上不去，而是因为他根本不想认真学习。刘杨从来不逃学、逃课，也不扰乱纪律，还很听话，每天都老老实实地坐在教室听老师讲课，老老实实地坐在家里写作业。节假日妈妈给他报课外辅导班，他也每次都去，辅导老师布置的课外作业他也认真地做。

但是，妈妈发现，刘杨这些行为都是在做样子，因为他遇到问题并不认真思考，也不愿意主动问老师和家长。从刘杨玩游戏、与同学交往的积极性与聪明程度来看，妈妈判断儿子的智商没有问题，问题是他"身在曹营心在汉"，妈妈也不知道他整天都在想什么，问他也不说。妈妈很着急，却又不知所措。

从刘杨的表现来看，他实际上是厌学的一个典型案例。厌学是指孩子在学习过程中，由于内在动力原因，或外在因素影响，对学习活动失去兴趣和热情而不愿继续学习的状态。

厌学的孩子，多数把学习当成一件父母、老师要求做的苦差事来看待，仅仅把知识作为为了通过考试和获得高分而必须掌握的，因此学习的时候往往很不投入、很不情愿，不注意总结经验，非常被动，学习效率常常比较低、效果比较差。所以厌学的孩子即使在中小学阶段，由于各种学习要求和压力下被迫努力取得的学习成绩还不错，但是一旦没有了要求，常常会放弃学习，不再努力，变得颓废堕落。所以，厌学情绪是孩子学习的最大"克星"，也是造成孩子不听话的主要原因。

有关教育专家认为，孩子之所以产生厌学心理，大多同外部教育环境有关。其中，最主要的因素往往就来自于父母不适当的教育。

帮助孩子克服厌学心理，首先应从父母身上找原因。父母对孩子过高的期望，是使他们产生厌学心理的主要原因。不少父母对孩子要求过高，考试成绩要双百分，古筝要达到8级，书画要得一等奖，绘画要取得好名次，周末不准去科技馆玩，放学后马上回家做作业……在过多的要求和过多的禁令重压下，孩子往往不堪重负，容易产生焦虑与紧张状态，进而不断出现挫败感。这时孩子的情绪会极不稳定，变得恐惧、易怒、拒绝学习，从而导致对学习产生厌烦情绪。

其次，孩子学习上的困难得不到及时有效的帮助，也是产生厌学的另一个重要原因。部分孩子性格内向，遇到学习上的难题不愿向老师、同学请教，因而影响了自己的成绩。当成绩不理想时，孩子就对自己更没信心了。父母如果在不了解孩子的真实情况下一味地责备孩子，也会令孩子产生厌学心理。

另外，孩子自身对学习缺乏正确的认识，缺乏求知欲，也是厌学的原因之一。如果一个人怀有强烈的求知欲，他就会常常处于精神振奋的状态，就会热爱学习，就不会把学习当作负担。

父母了解了孩子厌学的原因后，要对症下药，帮助孩子克服厌学情绪。在减轻孩子学习压力的同时，从各方面关心孩子，这样就能逐渐培养孩子对学习的兴趣。

1.让孩子体验到成功的快乐

一般情况下，孩子非常在意别人对自己的评价，他是按照别人的评价去认识自己的。一个总是失败的孩子体验不到成功的快乐，也就不会去努力了。对于一个从没有独立完成过作业的孩子，父母最好让他先做几道容易的习题，让他能轻而易举地完成，再调整作业的难度。如果孩子学习不好，不要将失败的原因归为孩子不聪明，父母可以从学习态度、意志力等方面去寻找原因。

2.鼓励孩子克服困难

有些孩子出现厌学心理，可能是因为学习中遇到困难，或者是因为学习时取得的进步较小造成的。

对于学习中的困难，家长应让孩子知道：学习本来就是一种艰苦的思想劳动，需要持久的毅力和顽强的意志力，应以积极的态度去面对困难，而不是遇到困难就表现出气馁和畏缩。

对于孩子因学习进步缓慢而出现焦躁、压抑、厌烦、畏难等心理，家长要帮助他们及时调整和改变学习方法，让孩子尽快从不良情绪中解脱出来。如果孩子确实在学习中遇到无法逾越的困难，可以引导他们暂时放弃，然后积蓄知识和能量，等时机成熟再予以克服。这样既能缓解目前的学习压力，又能抑制厌烦情绪的蔓延。

3.激发孩子的学习兴趣

兴趣是最好的老师，因此，要不断激发孩子的学习兴趣。当发现孩子出现厌学情绪后，一定要帮助孩子使用不同的学习方式，如综合运用听、说、读、写等方式，避免孩子因学习时间过长导致心理上的厌烦情绪。

4.帮孩子同老师和同学建立良好的关系

孩子十分看重自己在老师和同学心中的地位，这也直接影响到孩子对学习的态度。平时，家长要有意识地培养孩子与伙伴们交往的能力，多带孩子参加一些集体活动，并在与他人交往的过程中，告诉孩子一些与人交往的基本知识，以改进孩子对集体生活的适应能力。

5.鼓励孩子自我激励

如果孩子能够做到自我激励、自我鞭策，他便有可能避免学业失败。首先，父母要帮助孩子树立自我激励的目标。其次，父母要让孩子学会自我暗示，经常对自己说激励的话。再次，父母要让孩子在行动中摆脱消极的厌学情绪。

6.引导孩子正确地认识分数的真正价值

厌学的孩子由于平时不用功，他们在考试中往往分数较差。作为家长，首先要并帮助孩子了解：分数，充其量不过是检验他们学习质量的标准。

家长可以通过向孩子提出一个可以达到的奋斗目标，使他们对自己所取得的成绩感到自豪，从而增强孩子的自信心。

纠正孩子学习粗心的坏习惯

认真、细心的反义词是粗心、马虎，这个毛病对孩子的影响比较大，就小处而言，粗心的孩子生活中会丢三落四，学习上会错误百出；从长远来说，会影响其事业的成功。纵观成人中的粗心者，多是从小养成了坏习惯。

小飞上初三，马上就要中考了，由于做事情比较马虎，考试时总是出现一些不该出现的错误。父母对此很不放心，担心他中考时再犯同样的错误。去考场前父母一再叮嘱，考试时一定要认真，不要着急。小飞非常爽快地答应，便飞快地跑走了。

晚上回到家，妈妈问小飞考得怎么样，小飞说其他科考得都还好，就是数学出了点问题。妈妈焦急地问："怎么了？"小飞郁闷地说考数学时他先从后面做题，把后面几道大题解好了，时间却不够做前面的了。

妈妈以为是题量太多了，小飞做不完，谁知小飞却说："我出了考场问同学，他们说后面五道应用题只要选三道题做就可以了，我没看到题目要求，所以出现了这样的问题。"妈妈听后很吃惊，很后悔没有尽早纠正孩子学习马虎的毛病。

可见，父母要高度重视孩子学习不认真、马虎的问题，因为孩子一旦养成马虎的毛病以后很难纠正过来。父母不要错误地认为孩子大了自然就会好，实际上这只是父母的愿望而已，必须经过一些长期的方法加激励性的措施才能见效。

马虎、粗心的毛病，多跟家长和孩子两方面有联系。在家长方面，如果在孩子小时候没有及时对其进行纠正，常让孩子一心二用，边看电视边写作业，或是让孩子在一个嘈杂混乱的环境里学习，都有可能使孩子养成粗心、马虎的毛病。在孩子方面，有的是性格问题，急性子爱马虎；有的是态度问题，学习态度不认真就容易马虎；有的是熟练问题，对知识半生不熟最容易马虎；有的是认识问题，没认识到粗心、马虎的危害……

数学考试的成绩下来了，亮亮拿着成绩单回到家里。"妈妈，我这次数学没考好，才考了87分。"亮亮一脸不乐意地说。

"数学不是你的强项吗？怎么会考砸呢？"妈妈不解地问。

"我也不知道，我还认为题目很简单。"

"让我看看到底错哪儿了。"妈妈拿过试卷翻看着。原来亮亮的错误都出在计算题上，一道题把一个数字抄错，另一道题把一个运算符号抄错了，还有一道需要有验算过程的，结果写答案时只把验算得数抄了上去。妈妈帮亮亮分析原因，为亮亮的丢分感到惋惜，因为亮亮把后面的难题全做出来了。

"妈妈，我真后悔，这些题目我都会做，怎么不小心就看错了呢？"亮亮进行着自我批评。

"因粗心而做错题与不会做题的结果都一样，都造成了丢分。你这次的粗心让你丢掉的仅仅是考试的分数。你结合实际想想，平时，你在新闻中看到有些单位出了大大小小的事故，不是都由个别人粗心、疏忽而引起的吗？这些人给单位造成了多大的损失，给自己留下了多大的遗憾啊！到那时，他后悔也来不及了。"妈妈语重心长地教育着孩子，"假如研制'神舟'五号飞船的科学家也粗心了，他们能把'神舟'五号准确送入指定轨道吗？你崇拜的杨利伟叔叔能安全着陆吗？"

亮亮在妈妈循循善诱的引导中渐渐明白了，他认识到了粗心的危害是极大的，决定改掉粗心的毛病，让细心永伴自己。

孩子的粗心并非罪不可赦，与其一味地责备、给孩子施加心理压力，倒不如在平时加强对孩子的训练，培养他们良好的生活和学习习惯。

孩子细心的好习惯是在日常生活中慢慢地积累的。帮助孩子克服粗心的毛病，是一件细致的、艰难的、需要经常反复的工作，只要家长和孩子共同努力，相信孩子一定能够克服粗心的毛病。

1. 培养孩子的责任心

粗心说到底就是责任心的问题，有粗心毛病的孩子往往习惯把学习、生活上的事情，全都推给别人。一些做作业时不专心，做完作业后又不检查的孩子，是因为他们已经养成依赖父母帮助其检查作业的习惯，那么父母面对这种情况就应该放手让孩子自己检查并改正错误，这样才能有助于孩子克服粗心的毛病，养成细心的好习惯。

　　王子谦从刚上小学开始，父母就对他的学习大包大揽，做作业好像也成了父母的事。每天回到家，子谦在父母的监督下做完作业，妈妈对每道题都要仔细检查，对做错的题目，指出来并帮助子谦纠正。所以子谦做作业的时候基本不用对自己作业的质量负责，反正妈妈会帮他改正。等到他上小学三年级了，妈妈没有时间每天看他的作业，也感觉孩子大了应该能自己处理问题了，结果作业交上去错误百出。

　　王子谦在学习中缺乏责任意识，养成了过度依赖的行为，以致养成了粗心、马虎的毛病。遇到这种情况，父母就要让孩子树立责任感，让他对自己的事情负起责任来。这样，就会逐渐地培养起孩子的责任心，在遇事时不至于敷衍了事。

　　2.让孩子的生活井然有序

　　其实，孩子有这种粗心的毛病是在生活中逐渐形成的。试想，如果孩子从小就生活在一个无序的家庭中，父母没有一定的作息时间，东西可以随处乱放，又怎么能要求孩子没有马虎的行为呢？因此，家长们应该重视这一点，做事情要有规律，不要随心所欲，东西摆放要整齐，让自己的家里有一个良好的氛围。一旦孩子在生活中养成了有规律的习惯，在学习上也能做得到。

　　3.多给孩子正面的心理暗示

　　如果孩子犯了一点错误，父母就简单归结为粗心、不用功，甚至小题大做批评一通，孩子就会形成一种意识，觉得自己就是一个粗心的孩子。相反，家长经常表扬孩子细心，那么，在孩子心里就有一种"我很细心"

的心理暗示。如果我们努力去寻找孩子的细心点，并肯定他、鼓励他，孩子便会觉得自己真的很细心。同时，家长应该让孩子看到细心的好处，从而让其产生克服粗心、马虎毛病的主观能动性，从根本上解决问题。当孩子的细心点越来越多的时候，细心便成了孩子的一种习惯。

一位妈妈曾经这样介绍她的经验：

有时，我不总是盯住孩子因为粗心而犯的错误不放，而是寻找机会表扬孩子的细心之处。如果孩子在没有经过大人的提醒下把地板打扫干净了、孩子避免了一次以前经常会犯的错误等，我都会把这些记录下来。

在我们家墙壁上贴着一张细心表，孩子每细心一次，我就给他画一个红色五角星。当五角星满五个时，我就会给他一个小奖励，如带他去吃一次肯德基；当小奖励满两次时，我就给他一个大奖励，给他买身新衣服或买个新文具盒……这样坚持一段时间，我发现孩子的细心点越来越多了，粗心的毛病也明显地减少了。

对于孩子的粗心，家长尽量不要采取正面惩罚的方式，以避免对孩子粗心的强化，可以运用正强化的方法，积极关注孩子细心的时候，不失时机地表扬肯定，强化他的细心，唤醒孩子，让他感觉到自己其实是可以很细心的，这样孩子就会逐渐改掉粗心的毛病。

好成绩需要好计划

日本学者田崎仁曾说："一个人如果掌握了按计划学习的好习惯，对于将来升学就业，以后的学习和工作都是非常有益的；在学习方法上一旦养成了坏习惯，学习就会事倍功半。"可见，一份理想的学习计划能帮助孩子明确学习目标、合理安排时间、增强学习的自觉性和积极性、提高学习效率。

学习是一个漫长、艰辛的过程，如果做事之前心中没有清楚的打算，在学习过程中就容易产生倦怠感，甚至对学习产生抵触心理。很多学习优秀的孩子都会给自己制订一份可行的学习计划，虽然计划赶不上变化，但是如果孩子能够努力按照计划去学习的话，就一定会有所长进。

郑明杰正在上小学六年级，今年刚好12岁。明杰头脑聪明，但是学习没有长久性，常常"三天打鱼，两天晒网"，学习成绩并不突出。

明杰的数学成绩不太好，他向妈妈保证，自己一定要努力把数学成绩提上去。妈妈听了他的保证感到很欣慰，至少孩子知道要努力去提高自己的成绩。明杰也的确不是在敷衍妈妈，第一天他就认真地做了两页练习题，自己感到很愉快。就这样过了一个星期，某一天晚上，妈妈突然发现他并没有做数学题也没有阅读课本知识，原来他已经忘记了自己当初的承诺。

于是，妈妈提醒他："你答应过妈妈要提高数学成绩的！"明杰摊开双手，无奈地说道："我学了几天，但是没有效果。而且其他科目老师布置的作业也很多……"妈妈笑着说："你应该制订一个学习计划，要知道学习不是一时半会儿的事情。几天的努力怎么可能把你长期积累下来的问题全部解决掉呢？"明杰听了之后，认真地点了点头。

很多孩子成绩差、学习被动，一般是因为孩子没有制订合理的学习计划。改变孩子的这种状况并不难，最简单的方法就是协助他们制订一个切实可行的学习计划。一个切实可行的学习计划，可以明确地告诉孩子具体时间应该具体做哪些事情。

对孩子来说，学习计划是实现学习目标的导航图，每一个想把学习搞上去的孩子，要做出的第一个实际行动，就是制订一个切实可行的学习计划。有了学习计划，孩子就会时时提醒自己，如果多玩一个小时，多聊一个钟头，将会完不成计划，根据循序渐进的原则，将使整个计划中的许多任务受到影响。所以，这样可以促使孩子珍惜时间，不会随便地浪费时间。

有了学习计划，孩子对什么时间做什么事就会非常明确，不用临时动脑筋、费时间去想了，而缺乏计划性的孩子，一旦坐下来，还要为该干什么事考虑半天，尤其在完成了作业以后，这种现象就更为明显，因此会造成很多宝贵时间的浪费。所以，切实可行的学习计划有利于孩子学习目标的实现，可以磨炼其学习意志，有利于孩子好的学习习惯的养成，如果一个孩子想把学习搞好，就应该针对自己的情况制订一个长远的学习计划。

兰兰9岁了，上小学三年级。她在学习上十分用功，但是她的学习成绩却一直没有较大的提高，原因主要在于她不会制订合理的学习计划。

放暑假了，兰兰每天都在认真地写作业，她想通过这个暑假的努力，提高自己的学习成绩。一天，兰兰吃过早饭坐在书桌前准备写作业，她在书包里翻了半天课本也不知道该学什么好。语文作业和数学作业都挺多，而且她这两个科目的成绩也都差不多，到底先学哪个科目好呢？

10多分钟过去了，她仍然没有定下来先学哪一门功课，妈妈看到她在书桌边抓耳挠腮，走过来问她到底怎么回事。她告诉妈妈："我不知道先学哪门功课好。"

妈妈问她："兰兰，你有没有制订一个适合自己的学习计划？"兰兰疑惑了，问："妈妈，为什么要制订学习计划呀？"妈妈说："你看你，坐在书桌前10多分钟了，还不知道该学什么好呢，如果制订了合理的学习计划，就能提高你学习的效率了。""哦，原来是这样。"兰兰似乎明白了。妈妈接着说："比如，你上午可以安排学数学，下午可以安排学语文。另外，早晨头脑清楚，效率比较高，你可以背诵英语。这就是一个简单的学习计划。"兰兰点了点头。

这样，兰兰有了计划，每天学习时有条理了许多，后来她的成绩的确有了不小的进步。

　　每位父母都希望自己的孩子在学习上有好的表现，可是如果孩子上课认真听讲，认真完成作业，成绩却始终没有得到提高，家长就应该看看孩子是否有合理的学习计划。如果没有计划，学习就失去了主动性，容易出现东抓一把西抓一把毫无头绪的现象，以致生活涣散，学习没有规律，不知道自己每天应该具体做些什么，日子往往就这样浑浑噩噩、稀里糊涂地过去了。而一份科学的学习计划表，白纸黑字，能对孩子起到督促的作用。想让孩子主动自发地学习，就先制订一份学习计划表吧。

　　1.计划一定要结合孩子的实际情况

　　孩子的学习计划一定要符合他的能力和特点，父母不能从家长个人喜好出发，更不能照搬别人的计划，而是要根据孩子的学习水平、注意力等情况，与所制定的目标相适应，只有这样才能取得理想的效果。

　　另外，计划是需要自己来执行的，一定要由孩子自己来制订。家长可以与孩子一起讨论，但最终的决定权一定要交给孩子。让孩子觉得这不是家长强迫自己在学，这是自己对父母许下的承诺，一定要努力完成，不让父母失望。

　　2.监督孩子学习计划的执行情况

　　很多孩子都有这样的体会：制订计划易，执行计划难，到最后所定的目标很难达到。

　　陈琴上中学了，为了让她更好地投入学习中去，父母督促她制订学习计划。她的计划是每天提前半小时起床，先读半小时英语；放学后赶紧回家，先做完作业，如果有时间可以休息或看电视，吃完晚饭后要预习第二天的功课。

刚开始几天，陈琴按照这个计划做得很好，但是后来陈琴慢慢放松对自己的要求了。

她回家就想看电视，做作业的时候也总想着要看电视，早上又想多睡一会儿。因此，每周的学习计划和学习任务总是无法按时按量完成。

制订了学习计划以后，孩子能不能很好地执行是关键。孩子缺乏坚韧的意志力，一遇到困难便很容易放弃自己的学习计划，因此，父母应该时刻监督孩子学习计划的执行情况。

对于孩子在执行学习计划过程中出现的问题，父母应该及时向孩子提出来，并且给他们提一些可行的建议。如果孩子在执行过程中出现懈怠，父母应该及时鼓励他们坚持下去。

3.学习计划不宜过满

一些父母对孩子要求很高，把他的学习计划安排得满满的，导致孩子几乎没有玩耍的时间。其实，要求过高会让孩子难以执行，让他出现望而却步的心理。即使他勉强落实了，也很难达到理想的效果。

一位妈妈帮11岁的女儿制订了很多学习计划，可是女儿的成绩却一直不理想。一次，妈妈走进女儿的房间，发现她竟然趴在桌子上睡着了。这时，妈妈才发现自己对女儿的要求太严格了，以至于女儿都没有玩的时间了。妈妈调整了对女儿的要求，在计划表中加入了休息、娱乐的时间。后来，女儿的成绩有了明显提高。

可见，父母在协助孩子制订学习计划的时候，一定要给他安排玩的时间，同时也要考虑孩子的实际情况。

4.培养孩子及时调整学习计划的好习惯

小岩是一名初三的学生，本学期他给自己制订了严格的学习计划，可不幸的是，他在一次滑冰的时候不小心把脚扭伤了，在家里躺了一个礼拜。他面临的最大问题就是怎样能在病好后跟上学校的进度，不要越落越远。

小岩躺在床上十分着急，原来的学习计划肯定不能继续用了。他一咬牙，下定决心，决定自学，把教材、参考书和习题集摆在床边，一科一科地攻。先读教材，再看参考书，最后做题。他想，上课学习的目的也不过是为了做题，只要能把题做会了，在家里自己学也一样。

结果，他的这种自学方式比在学校听讲的效率还高。

在学校，老师要照顾不同水平的同学，讲的进度就不会太快，有时候他明白的问题老师会翻来覆去讲，有时候他没听懂的，老师反而一笔带过。自学就不一样了，自学会使他注意力更集中，学习的兴趣更浓，效率更高，时间当然也就更充足了。结果，他不光把习题集的相关题目都做了一遍，对那些做错的题目还能从头再做一遍，直到做会为止。对于实在想不通的问题，他会记下来，晚上给同学打电话请教。

病好之后，别的同学要帮他补课，他摇摇手说：不用，我已经学过了。到测验一看，他的名次不但没有下降，反而上升了。老师让他介绍经验，他说："非常感谢这次生病，让我学会了自学，我这才知道学习能给我带来这么多的乐趣。"

俗话说得好：计划赶不上变化。人是活的，计划是死的，当实际情况出现了变化，根据需要及时调整计划，也是十分必要的。当孩子的学习成绩出现了偏科，就应该花更大的力气来弥补自己的不足；当因为生病等原因无法保证学习时间，也应该对学习计划进行调整，尽快把落下的科目补上；当计划执行到一个阶段以后，需要检查一下学习效果，并对原计划中不适宜的地方进行调整，一个新的更适合自己的计划将会使今后的备考更加有效。

让孩子集中精力听课

注意力对每个孩子来说是非常重要的。有人说："注意力是人学习的窗口，如果没有它，知识的光芒就照射不进来。"的确是这样，听课是接受知识的主要途径，如果上课走神，就会跟不上老师的思路，自然就无法理解老师讲授的知识，从而造成知识的疏漏，这不仅会降低听课效率，还会影响学习成绩。

陈萌是一个初中三年级的女孩，她很聪明，但是上课听讲的效果非常不好，致使她的学习成绩不怎么理想。上课的时候，老师经常会发现陈萌要么心不在焉，要么盯着窗外或者周围其他的同学，或者手里不停地摆弄着铅笔、尺子、书包带等物品。教室外面如果有什么声音，陈萌一定是全班第一个被吸引过去的。她回答老师的问题时，常常是一问三不知，有时候竟然不知道老师刚才的问题是什么。以她现在的听课质量，想升入理想的高中具有一定的难度。

注意力不集中，上课爱走神是很多孩子都存在的问题。孩子为什么会这样？上课时，如果注意力老是不集中，该怎么办呢？要解决这些问题，有必要了解注意力的有关知识。

所谓注意力，是指人的心理活动指向和集中于某种事物的能力。例如，上课时，学生注意听讲，他的心理活动就指向老师的讲述。集中显示出注意不仅有选择地指向一定的对象，而且相当长久地坚持指向这个对象。如专心听课的学生，他的心理活动不是指向当时对他起作用的一切刺激物，而是只指向老师讲的内容，并且长时间地指向这些内容，排除一切局外因素的干扰。我们常说的"注意力不集中""上课不注意听讲"，并不是说我们的注意没有指向性、集中性，其实是说，学生听课时的心理活动没有指向当时应该指向的对象，没有集中在当时应该注意的对象上去。

由上可见，容易导致注意力不集中的原因主要有客观和主观两个方面。其中客观原因包括：与学习无关的刺激物的干扰、学习单调或遇上困难、学习方法不当、学习环境不好等;主观原因包括：缺乏学习上的兴趣和信心、自身注意力差、身体或情绪不好、不理解学习的内容、自控能力差等。孩子在学习过程中不专心的表现有：东张西望，心不在焉，坐立不安，情绪波动大，对学习产生反抗或淡漠的态度。所以，对于孩子的问题，父母要找到原因，才能对症下药。

那么，究竟有什么好办法能够让孩子集中精力听课呢？我们不妨试试以下几种方法，从而根据孩子的实际情况，灵活地运用最适合的方法。

1.洞察孩子的内心世界，及时梳理不良情绪

晓梦最近和好朋友闹了别扭，上课的时候总是不由自主地想：下课后，要不要主动找朋友说话，该如何说？一会儿又想：为什么朋友不主动找我和好？类似这样的问题纠缠了晓梦两天，问题没解决，连学习都受到了影响。

妈妈看出了晓梦的心思，建议晓梦主动找朋友和解，这样，不但能卸下心理包袱，也会重新把心思放到学习上。晓梦接受了妈妈的建议。第二天，晓梦还没找朋友说，朋友就主动与晓梦和好了。两个孩子如释重负，又可以像之前那样快乐地玩耍了。

孩子在成长的过程中都会遭遇类似的情感障碍，父母要及时帮助孩子排解心中的困惑，让孩子及时走出心理阴影。孩子的心病痊愈了，才有心思学习，才不会出现一边听课、一边走神的状况。

2.给孩子创造无干扰的学习环境

张晓含今年8岁了。他的爸爸妈妈特别喜欢看电视，在遇到喜

欢的节目时他们会哈哈大笑或者大声评论，丝毫不顾及正在学习的孩子。

张晓含本来就有容易分心的坏习惯，在父母的干扰下，分心的毛病更是明显了。在父母看电视的嘈杂声中，张晓含发现很难将注意力集中起来，不自觉地会把题目看错，把单词拼写错。

特别是最近，父母几乎每晚都要看电视，张晓含的注意力已经严重被他们的声音分散。他根本无法专心学习，在自己屋里偷偷打起了游戏，学习成绩也明显下降。

从这个事例可以看出，孩子的注意力很容易受到外界的影响。注意力受到影响，就不能集中精力学习，学习效率自然会降低。所以，父母要为孩子创造安静的学习环境，不要在孩子学习的时候开电视机，也不要打牌或打麻将，最好父母也能坐下来，和孩子一样学习或看看报纸杂志，这样父母的榜样作用就能发挥效应，有利于孩子安心学习，出错和粗心大意的情况会大大减少。同时，父母也要教育孩子要专心致志，不要一边学习一边干其他与学习无关的事情，孩子良好的注意力就会得以慢慢养成。

3.让孩子给父母讲题

在孩子去学校上课之前，家长应该先看看孩子今天要学习什么内容，做到心中有数。对孩子说："这方面知识我也不会，我想请你今天学会了以后，回来也给我讲一讲，好不好？"这样，孩子就有了上课认真听讲的动力，上课的时候，就会特别注意听讲。

孩子回家以后，及时让孩子把老师讲授的知识给自己讲一遍。孩子讲题的时候，家长一定要把自己的身份定位成孩子的学生，还要认真回答孩子提出的问题，也可以向孩子提问，请孩子进行解答。耐心地找到孩子的闪光点，表扬孩子讲得好的地方，适当提出孩子的不足。鼓励孩子长期坚持下去，提高孩子的学习兴趣。

4.不让孩子把与学习无关的物品带到学校

许多孩子总是喜欢将一些吃的、玩的东西装到书包里，带到学校去，这时，父母要明确告诉孩子这是不允许的。因为这些吃的、玩的东西都很容易分散孩子在课堂上的注意力。同时，还要告诫孩子要管住自己，上课不想、不做与学习无关的事情；如果有同桌或前后桌同学要孩子和他一起搞小动作或玩游戏的情况，让孩子不要理他就是了，下课后再向他解释。

让孩子独立完成作业

做作业是孩子自己的事情，只有经过自己努力，独立完成，才能把知识学扎实，学习成绩才会越来越好。

独立完成作业是深化知识、巩固知识、检查学习效果的重要手段，也是复习与应用相结合的主要形式。然而，有的孩子虽然心里清楚作业一定要做，却不想自己动脑筋，总爱问家长、老师或同学，甚至抄他人的作业。这是一种非常不好的习惯，因为作业不独立完成，就难以发现学习中的薄弱环节和不足之处，容易养成依赖心理和投机取巧的坏毛病。当必须自己思考和解决问题时，就会不知从何下手而导致失败。

杨慧和刘敏是同班同学，两人也是形影不离的好朋友。一个星期天，杨慧到刘敏家和她一起写数学作业。

杨慧握着笔，很专注地思考，很认真地写作业。而刘敏呢，一会儿玩玩妈妈给她新买的卡通娃娃，一会儿去喝口水，有时还抱怨老师布置的作业多……半个小时后，杨慧很顺利地把作业完成了。看到杨慧在收拾学习用品，刘敏说："让我抄抄吧，抄完了以后咱们就可以出去玩游戏了。"杨慧犹豫说："老师说过不能抄别人的作业。"刘敏则不以为然地说："没事，老师不会知道我的作业是抄的。"杨慧听后，有些不情愿地把作业本递给刘敏，让她抄了起来。

不一会儿，刘敏抄完了作业，她看着自己的作业本，长长地舒了一口气说："终于把作业写完了。"

据调查显示：一些孩子学习很努力，可学业落后，成绩不好，根源之一就是在学习新知识的时候，不能独立完成作业。

很多父母都抱怨过，自己的孩子不能够独立完成作业，总是需要父母的帮助。需要父母在旁边陪着、看着，提示他怎样思考、怎么写，提醒他专心、抓紧时间、姿势端正，再帮他检查错误，几乎每次都得靠父母协助才能完成，这样的情况让父母觉得非常头疼。

孩子有这样的毛病大部分都是父母惯出来的，当孩子刚刚进入校园的时候，父母或许会因为担心孩子而时时询问能不能听得懂老师讲的课，会不会做老师布置的作业。如果孩子稍微显出一丝犹豫，父母就会毫不犹豫地坐在孩子旁边，看着孩子做完作业，这样才会放心。有的时候，孩子遇到不会的题目，父母就会竭尽全力去教孩子，甚至还会直接给出答案。其实，父母这样做完全是出于希望孩子可以比别人强的心态，然而，当时间一天天过去，孩子就会养成不能独立做作业的坏习惯。

一位名叫凯莉的美国母亲，就很懂得如何让孩子独立完成作业：

凯莉经常检查孩子的作业，但从不告诉孩子，而是要求孩子每次做完作业后自己检查。那年冬天，孩子正读小学四年级。

一天深夜，凯莉结束工作后，像往常一样打开孩子的作业本，发现老师在一道题上打了个叉，写有"重做"两个字。凯莉向后看，发现孩子将这道题重做了。可重做的结果和原来一样，再检查运算过程，两次一样，是对的。为什么老师又打叉让他重做呢？找到课本一对，原来是抄错题了。

当时天气很冷，可凯莉还是立刻把孩子从被窝里叫了起来。但没有说题抄错了，只说让他检查。

孩子查了一遍，说："没错。"

"没错？那老师怎么让你重做呢？"

孩子认真检查了重做的那道题，然后用诧异的眼光看着凯莉："没错嘛！"

"老师批错了？"凯莉平静地说，"再好好想想。"

孩子裹着棉衣两眼瞪着红叉叉，足足愣了20分钟。这时，他猛然想起了什么，急忙打开课本，才知道抄错题了。于是，孩子马上更正过来，凯莉这才表扬了他。

写作业是对课上教学的有效延伸，是课堂学习的巩固和深化，是学生课外学习的重要手段。对学生来说，通过作业，可以及时巩固所学的知识，了解自己的学习情况，作业中遇到不懂的地方，可以及时请教老师，从而纠正错误，改进学习方法。所以，家长应该引导和鼓励孩子独立完成作业，这样可以锻炼他们多方面的学习品质。

家长与其天天看着孩子写作业，力求一时的完美，还不如放手让孩子自己去做，让孩子尝尝失误的滋味。然后，再给孩子指出错误所在、原因所在，教给他解决问题的方法。

1.不要看着孩子做作业

家长不要坐在孩子身边，盯着孩子做作业，其实孩子并不希望你坐在他身边，你坐在他的身边反而会给他造成压力，使本来会做的题忘得一干二净。而且你坐在他身边，看到他不会答题时，多半会急着想把答案告诉他，这会使他养成独立思考的坏毛病。在以后的日子里，当孩子一碰到稍微难点的题目时，就会自己不动脑子坐在那里大声地叫："妈妈，这道题我不会，您来教教我！"

2.培养孩子的学习兴趣

热爱学习是独立完成作业的内在动力，当孩子在学习上克服困难，获得成功，这种内心的满足和快乐是刺激他不断学习的根本动力。所以家长不要一味地斥责孩子，而是要鼓励他，相信他，当孩子在学习上获得成功后要和他一起分享快乐。当孩子在学习中获得了快乐，学习就是他喜欢的事了。

3.不要直接告诉孩子答案

有些家长在孩子做作业时，一旦发觉孩子的作业有些差错或不会做时，就马上指出来给孩子讲解，殊不知，这样做容易妨碍孩子独立思维能力的发展。当孩子提问时，你应该说"你说呢""你想想看""再想想看"。如此一步步引导，而不要急于告诉孩子现成答案。即使孩子经过思考后的回答仍不正确，不符合事实，那也要用赞赏的眼光，鼓励性的语言去欣赏孩子的思考之果。只有这样，孩子的思维才会活跃，才能享受到思考带来的乐趣，才能更好地独立完成作业。

4.逐步培养孩子独立做作业的能力

如果你一直陪着孩子完成作业，不要期望有一种方法能马上让孩子具备独立完成作业的能力。在树立了孩子独立完成作业的意识和进行了有效的训练后，你可以在全陪的情况下，逐渐减少陪伴时间。例如，孩子做作业的时间为1个小时，每天陪孩子1个小时，下个月就陪他半个小时，第三个月开始让他独立地做作业。这样慢慢放手，逐渐锻炼。如果你抱着孩子不能放松，一放松成绩就会下降的心态，那你就只能"死看死守"了，这样做，不能培养孩子独立学习的能力。

警惕孩子的考试焦虑症

面临强大的竞争压力，在应对考试过程中，孩子的心理会产生正常的焦虑情绪。但是有些孩子由于心理承受能力较弱，在考试前容易患上考试焦虑症，不但无法完成正常的考试，还会对心理健康产生不良影响。具体表现为：上课心不在焉，十分焦急，自己马上临考却什么也记不住；烦躁不堪，见到任何事情都有发火的欲望；坐立不安，总觉得自己的每一个动作都是在浪费时间；吃不好，睡不香，精神萎靡不振。

小玲是个很用功的学生，上课认真听讲，回家后认真完成作业，平时也十分听老师、家长的话，总之，在老师和家长眼里，小玲是一个很乖的学生。

小丽就在小玲家楼下，两个人是同班同学，平时上学、放学都在一起。在老师和家长的眼里，小丽平时学习不如小玲用功，在课堂上，许多小玲能够回答上来的问题小丽却回答不出来。可是，每次考试成绩出来后，小丽都比小玲高出十几分，这给小玲的心理带来了很大的打击。

不知不觉间，期末考试又临近了。考试的前一天晚上，小玲不停地看书、复习，生怕自己考不好。父母劝小玲早点睡觉，可是小玲躺在床上翻来覆去就是睡不着，好不容易睡着了，很快又被惊醒。到了第二天早晨，小玲又早早地醒了，看到母亲端来的早餐，觉得没有胃口，吃不下去。从家里到学校这一路，小玲的脑子里满是关于考试的事情，手脚也不自觉地发抖。进到考场之后，小玲感觉自己的脑子里空荡荡的，之前复习过的东西突然间全都不见了。小玲为此惶恐极了，手心都攥出了汗。最终，这次考试，小玲又考砸了。

从以上案例中小玲的表现来看，可以断定她患上了考试焦虑症。

考试焦虑是一种复杂的情绪现象，孩子在考试期间心理上的焦虑、不安、紧张、恐惧等在情绪上的反应都可以称为考试焦虑。它可分为两大类：一类是指在考试之前的一段时期内持续存在的焦虑；另一类是指在考试过程中产生的焦虑，如"怯场""晕场"等。

从心理学的角度来看，考试焦虑的成因主要与个人的认识、心理承受能力和心理健康程度有关。通常来说，一些孩子在考试前担心自己考不好，觉得会被父母责骂，同时在学校里也抬不起头，这种想法可谓是造成孩子心理负担的主要原因。

其实，孩子因考试而产生的紧张、不安、焦虑、恐惧是常见的心理现象，也可以说是正常心理反应。关键在于有的孩子能够进行自我心理调适，使之成为学习的动力，从而在考试中发挥自己的正常水平；而有的孩子由于意识不到自己的不良心理状态，对考试焦虑缺乏有效的调节，导致考试成绩不理想。为了有效解决考试焦虑，家长应结合孩子的个人特点，以及在考试前的具体焦虑状态，从心理学的角度出发，帮助孩子有效解决考试焦虑的心理，给孩子以有力的支持和辅导。

1.对孩子的期望与要求要合理

现在的孩子大多都是独生子女，担负着好几代人的希望。家长也难免会对孩子提出这样那样的要求，而一旦要求失当，就会对孩子产生不良影响。所以，家长要注意，给孩子提出的要求要顺应孩子的生理和心理特性，同时要尊重孩子，不要苛求孩子。当孩子未达到要求时，更不要冷漠对待，甚至嘲讽挖苦，这样会使孩子感到压抑，甚至产生逆反心理与家长对抗，从而加重焦虑状态。

2.让孩子端正对考试的态度

家长要让孩子明白考试是一次再学习的机会，是巩固和加深理解已学知识的途径。考试并不是在衡量一个人聪不聪明，也不是一次考试就能定终身，它只是告诉你最近所学的知识当中，你哪些掌握得不够，哪些掌握得不错。所以不要把考试看得过于严重，也不要毫不重视。

3.帮孩子制订切实可行的学习计划

有许多孩子学习没有计划性，胡子眉毛一把抓，抓到最后忽然发现还有许多知识点没有复习到，而考试又马上临近了，自然会着急上火，寝食难安。因此，在考试前的一段时期内，就要提醒孩子制订出合理可行的学习计划，做到未雨绸缪，心中有数，这样会使自己有一种充实感，从而带着自信走进考场。

4. 建立孩子的自信心

教孩子学会自我暗示，比如在考试前，可以让孩子反复地告诉自己"我复习得很充分，一定能考出好成绩""这次我比以前更加努力，因此也一定会比以前考得更好"……这样找出对自己有利的方面，多次进行自我暗示，可以增强孩子的信心，稳定情绪，以良好的心态迎接考试。

5.为孩子营造一个轻松的环境

为了避免孩子出现考试焦虑，作为家长，应尽量给孩子营造一个轻松的家庭环境，切忌施高压、搞处罚。父母有责任和义务提高自己对孩子的管理、教育能力，及时发现和解决孩子遇到的问题。平时，要尽量每天抽出几分钟时间与孩子交心，拉近父母与孩子的距离，增进彼此之间的感情。要把孩子培养成自信、豁达、活泼、开朗的人，家庭环境一定要整洁、舒适、有条理；家庭成员之间要和睦、民主，营造一个良好的生活环境和家庭氛围，这是让孩子远离焦虑、实现健康成长的一个重要条件。

让孩子爱上阅读

书是人类进步的阶梯。随着网络的迅速普及，现在的孩子对于网络、电视的依赖也越来越明显。众多教育专家都不约而同地指出电脑和电视提供的许多信息是不利于孩子学习和成长的，多阅读有益的课外书籍才是积累知识的正确途径。

苏联教育家苏霍姆林斯基曾经说过："如果青少年除了教科书以外什么都不阅读，那他连教科书也读不好。如果学生其他的书读得较多，那么他不仅能够学好正课，而且会剩下时间，去满足他在其他方面(创造性的智力活动、锻炼身体、参加劳动、审美劳动)的兴趣。"的确，读书对一个人一生的发展非常重要，它不仅使人知识渊博，更重要的是，它能陶冶人的品德，使人的精神内涵更加丰富。

邰丽华被评选为2005年"全国劳动模范"和"先进工作者"，春晚上其主演的舞蹈《千手观音》使全国人民都认识了她，她的美丽气质与自强的精神深深打动了人们，其实这和她儿时的读书经历密不可分。

作为一个失聪者，为了丰富自己的内涵，邰丽华通过看书来获取更多的信息，她一直保持着阅读的习惯。有一次，班主任给了邰丽华一本《雷锋传》，这本书给了她很大的启发，那个时候她能够很熟练地背诵书里的格言，雷锋的"螺丝钉"精神时时激励和鼓舞着她要战胜困难。对邰丽华来说，读书是享受的过程，读书给她带来了无穷无尽的快乐，读书使她的心灵得到净化。《红楼梦》《西游记》等一些经典著作邰丽华都读过，小时候读的这些书不仅使她的心智越来越坚强，同时也培养了她高雅的气质。

培养孩子的阅读兴趣，孩子喜欢读书是家长献给孩子最好的礼物，也是家庭教育成功的标志。所以，为人父母者，要从小重视培养孩子阅读的兴趣。

有一家儿童教育机构曾经对200多名阅读理解能力较强的孩子进行过研究，发现他们的共同之处是，从小就在父母的影响下养成了爱听书、读书的习惯。孩子的阅读经验越丰富、阅读能力越高，越有利于各方面的学习，而且阅读越早越有利。

书是人类进步的阶梯，是人生永远向前的灯塔，是人生成才的养料，是迈向成功的基础。但要养成读书的好习惯并不容易，它不是一朝一夕可以形成的，而是循序渐进的一个过程。孩子由于受年龄，知识和生活环境所限，不论在阅读习惯，方法和材料等方面都会遇上很多困难。而父母作为孩子的第一任老师，就成为孩子阅读的启蒙者。因此，父母要担负起阅读教育的职能，培养孩子广泛的阅读兴趣。

1.陪孩子一起阅读

吉姆·崔利斯的《朗读手册》里，有这样一段话："你或许拥有无限的财富，一箱箱的珠宝与一柜柜的黄金，但你永远不会比我富有——我有一位读书给我听的妈妈。"的确，陪孩子一起阅读，是父母给孩子最宝贵的财富，可以给孩子留下美好、温馨的记忆。

美国第54任总统布什很喜欢读书，他小的时候，母亲便常在睡前读书给他听。

为了鼓励布什读书，母亲还在家里摆放了许多图书，目的就是让书籍可以触手可及，当孩子想看书的时候随时都能拿到。这些图书的种类很多，大都是母亲为小布什买来的，也有跟别的家庭交换各自已经读熟了的书。每逢节日或小布什生日的时候，母亲都不忘记送给他最好的礼物——书。

不仅如此，母亲还动员全家都来读书，组织"家庭阅读"活动。不同的人讲故事会使孩子有新鲜感，所以母亲动员小布什的父亲、爷爷、奶奶读故事给他听，这样互动的交流让小布什受益匪浅。

父母与孩子一起读书，称为亲子阅读，不仅能为孩子带来丰富的知识，陶冶孩子的性情，帮助孩子全面发展，同时，在这个过程中，孩子也会和父母之间建立一种良好的关系。双方更容易理解，更容易沟通，能享受更多成长的乐趣。

2.激发孩子的阅读兴趣

兴趣是最好的老师，有了兴趣，做任何事情，你都会主动去做。没有兴趣，想做好一件事情是很难的。只有培养了孩子的读书兴趣，孩子才能主动去读书，从丰富的书籍中去吸取营养，丰富自己，充实自己，不断提升自己的素质。

宋瑞是个聪明的孩子，但是就是不爱读书，写作文更是无话可说，错字连篇。父母看在眼里，急在心上。为了提高他的语文成绩，父母决定陪孩子一起读书。每天晚上放学后，孩子完成好作业，父母就一起陪他阅读，《格林童话》《丁丁上学记》《一片叶子落下来》《木偶奇遇记》《与达尔文一同航行》都是他们的"好朋友"。三个人先是一起读一本书，然后讲里面的情节，听的人互相补充，再后来，每人看一本，看完交换，然后召开家庭故事会，讲书里精彩的片段。遇到不懂的问题互相请教，或者在故事会上提问讲故事的人，三个人的读书活动影响了宋瑞的爷爷奶奶，两位老人也申请加入其中，宋瑞读书的兴趣更浓了。为了培养孩子的阅读习惯，宋瑞的父母还把读过的书制成卡片，写出书中的主要人物、事件，过一段时间再回过头来进行大串联，孩子乐在其中，宋瑞的父母也收获到亲子阅读的喜悦。

经过一段时间的亲子阅读，宋瑞现在已经很喜欢读书了，星期天别的孩子经常到游乐场玩，宋瑞则经常泡书店，书店的阿姨戏称他是"小书虫"，他也乐于承认。

从小激发孩子的读书兴趣，对孩子一生的成长都有着重要的影响。孩子对阅读的兴趣在很大程度上是从家长生动形象地讲故事开始的。因此家长应耐心细致地多陪孩子看看书，讲讲小故事。同时，还可经常与孩子在一起交流读书的方法和心得，鼓励孩子把书中的故事情节或具体内容复述

第四章 因势利导，帮助孩子解决学习中的烦恼

出来，把自己的看法和观点讲出来，然后大家一起分析、讨论。如果经常这样做，孩子的阅读兴趣就可能变得更加浓厚，孩子的阅读水平也将逐步提高。

3. 让孩子选择自己喜欢的书

著名作家余秋雨曾说："老师和家长在不知道孩子兴趣的前提下，不要硬性地给孩子开出书目，使孩子失去阅读兴趣。"的确，家长强行干预孩子看书的行为只会导致孩子丧失读书的兴趣。一般说来，从上小学开始，大部分孩子在阅读内容的选择方面已逐渐形成自己的爱好和兴趣。对此，家长应注意观察、了解和引导，不宜过多地干涉。如果你想要孩子完全按照你的计划阅读，那注定不会长久。所以，父母千万不要强行干预孩子看哪方面的书，而是要给孩子选书、看书的自由。让孩子自己选书，就是在培养孩子自主阅读的兴趣。

一位妈妈带着儿子去书店买书。儿子看到书店里精美的故事书和儿童科技类的书，爱不释手，精心挑选了几本。没想到妈妈看到了，一把把儿子手里的书夺了过去，拉长了脸说："就知道看这些书，这对提高你的作文有什么帮助。去挑几本作文书，看看别人是怎么写作文的。"顿时，儿子看书的兴致全无，露出一副很委屈的表情。

阅读是一种求知行为，也是一种享受。因此，家长除了需要对真正有害于孩子的书刊进行控制外，不应对孩子所读书刊的内容、类型和范围进行人为的约束和控制。事实上，只有孩子感兴趣的书，孩子才会主动阅读。

第五章
关注行为，
从生活细节上了解孩子

　　孩子在生活中的行为，往往会透露出他的想法。知道孩子心里在想什么直接决定父母下一步要如何做。儿童时期是孩子身心发展的关键时期，这期间，孩子难免会表现出各种不成熟的行为。对于孩子的这些行为，父母严加呵斥是不可取的，但是也不能放任自流，应该了解孩子心理发展历程，依照他们心理发展的规律，采用科学的方法正确地引导他们。

帮助孩子克服依赖心理

现在的孩子大多数都是独生子女，有些孩子从小就处于被家长过分爱护的环境之中，这样往往容易产生依赖的心理。过分的娇生惯养，会让他们什么事都由父母做主，而家长全方位的安排，会让孩子养成离开父母就无法生活的习惯。

小敏考上的重点高中在外市。开学后，她对高中的寄宿生活很不适应，常常想家。半个学期后，小敏觉得无法再忍受了，在同学的陪同下去咨询了心理医生。

见到心理医生，小敏开口就说："医生，我想转学，该怎么办转学手续呢？"

医生问她："转到哪里？"

小敏答道："转回我家那边的高中。"

医生接着问："为什么要转学？"

小敏没有答话，却呜呜地哭了起来。心理医生温言劝慰了她好一阵子，小敏才平静下来。她向医生诉苦："我是真不应该来这里读高中，现在我连一天也待不下去了，我每晚都会想家。晚上躺在床上，一想到睡的地方不是自己的家，就很难入睡。晚上做梦还经常梦到爸爸、妈妈，我也知道这是梦，但就是不愿意醒过来。梦总是要醒的啊，梦醒后一睁眼，我就感到心烦。我每天都不想起床，不想吃早饭，也不想去做早操，但又担心这样使身体垮掉。每当在校园里散步，听见广播里放的音乐有关于妈妈的歌曲时，我就想哭。班上组织春游、秋游，我也毫无兴趣，看到同学玩得高兴，我更是感到孤独和伤心。我就是想回家。

"周末，看见本地同学纷纷回家，我更是伤心。我知道，爸爸、妈妈肯定希望我快快乐乐地读书。因此，我力求使自己快乐起来，想强迫自己忘掉家里的温馨和幸福，把注意力集中在学习上。但无论何时何地，我的眼前总会浮现出父母和小学、初中时的老师和同学……我根本忘不掉他们。现在，我的学习成绩一天天地下降，又怕自己被淘汰而遭到别人耻笑。为此，我整天提心吊胆，担心期末考试不及格，更担心家里人对我失望。现在，我真的后悔跑到这里来读高中。"

小敏接着说："我父母没上过大学，不是也工作生活得挺好吗？我想回家，哪怕当清洁工、摆地摊都行。所以我想转学，转到家那边的高中。也许转学后，我能够重新振作起来。"说到这里，小敏又哭了。

过了一会儿，小敏抬起头来对医生说："入学后，我经常给家里写信，有时还打电话。我把省下来的生活费，全都用在给家里通信和打电话上了。我现在觉得自己快要崩溃了。"

上面这个事例不得不引起我们的反思：孩子过分依赖的习惯，与父母的教育方式有着密切的联系。在一个人的幼年时期，孩子离开父母就不能生存，在孩子的印象里，保护他、养育他、满足他一切需要的父母是万能的，孩子愿意依赖他们。这时，如果父母过分溺爱孩子，并鼓励他们依赖自己，不让他们有长大和自立的机会，久而久之，在孩子的心中，就会逐渐产生依赖心理。到青少年以后，如果家长仍然不放手让孩子独立，孩子依旧不能自主，总是希望父母来替自己做决定的话，那么心理障碍便形成了。

有人把这样的孩子比作"寄生虫"，认为他们寄生在父母爱的土壤里，一旦失去了这片土壤就无法很好地生存。的确，对孩子来说，依赖心理是要不得的，家长应引起高度的重视，采取正确的方式，正确引导孩子改正过度依赖的习惯，帮助他们面对未来。

孩子依赖的习惯是经过较长的时期才形成的。同样，想要纠正这一行为也不是一两天就能办到的。在这个过程中，家长的耐心尤为重要。过于仓促或激烈的矫正，都有可能会使孩子误认为他是个不受喜爱的人，从而对他的心理造成伤害。因此，一方面要增加孩子成功的经验，积极培养其自我效能感，另一方面还要设法让孩子明白，父母是爱他的，但是自己的事情必须自己完成。

我国著名教育学家陈鹤琴先生曾说过："凡儿童自己能够做到的，应该让他自己做；凡儿童自己能够想的，应该让他自己去想。"这是一条符合教育规律的至理名言。如果放手让孩子自己做，我们的孩子将会得到锻炼的机会，我们也会发现孩子的潜力是无穷的；如果我们一直"大手帮小手"，我们的孩子将会在无形中被剥夺许多发展的机会。

一个男孩在写给妈妈的信中强烈地表达了这样的愿望:"妈妈,请把书包给我,我自己能背。尽管我的肩膀柔嫩,但应该担负起属于我的那份责任。妈妈,请撒开您的手,没有您的护送,我同样能踏进学校的大门。我早已熟悉通往学校的那条小路,也会避让路上来来往往的车辆。不信,您可以悄悄跟随在我的身后,看我能不能独自一人上学。"

儿童心理学研究表明,孩子其实是喜欢自己做事情的。他们喜欢说"我能""我自己来"等话。父母应该顺应孩子的天性,让孩子大胆去做他们感兴趣的事情。这不仅会培养孩子的自理能力,同时也培养了孩子的意志力和责任感,增加他们的基本生活常识和劳动能力,使孩子学会对自己的生活和行为负责,真正地长大成人。

有一句话是这样说的:"做母亲的最好只有一只手。"说的就是要对孩子放手,有些问题让孩子自己尝试着去解决。让孩子学会自理,自己的事情自己做,为的是促进孩子独立发展,这对孩子将来的学习、工作、事业乃至一生成长都是有好处的。

任何一位父母,都不可能包办代替孩子的一生。孩子的将来,包括学习、工作以及事业的成功,都要靠他们自己去闯、去努力、去奋斗。而这一切,没有自立自强的意识和精神,是很难取得满意的结果的。父母应该明白,独立既是生存的需要,也是孩子成长中的重要一课。

1.停止事事包办代替,鼓励孩子自己动手

现在孩子的致命弱点就是缺乏独立性、依赖性强。这种现象归根结底还在于家长的包办代替，生活中的大事小事都由父母一手包办了，不许孩子动手参与。结果也让孩子养成了自私、依赖家长的毛病，独立能力低下。所以，从现在开始，父母不要再对孩子事事包办代替了，而应鼓励他们自己动手。

王女士的儿子周华上小学一年级，独立性比较差，这让她很头疼。一天中午，王女士下班回家，刚一进院，便发现周华已先于自己到家门口了，而且正在用钥匙费劲地开着自家的门锁。这是一把旧锁，任凭周华握着钥匙左拧右拧，锁就是纹丝不动。周华急得满头大汗，都快要急出眼泪了。一转头，周华看到妈妈回来了。像是看到了救星，一下子把钥匙塞给妈妈说："妈，这锁真难开，还是您来吧！"说着就躲到了一旁，噘起了嘴巴。王女士接过钥匙并没有去开锁，而是又重新递给了儿子，并对他说："一个男子汉连这点困难都解决不了，还叫什么男子汉。不管想什么办法，一定要自己把锁打开。"周华眼珠一转，迅速拿出铅笔、小刀，将一些铅笔末儿削进了锁孔里，再将钥匙捅进去，一旋，门就打开了，周华脸上露出了笑容。

家长对孩子的生活过分地包办代替，就能让孩子失去锻炼独立能力和责任感的机会，使孩子长大后缺乏必要的生活技能。所以，家长应适当放手，鼓励孩子自己的事情自己做，让孩子在动手中体会到劳动的快乐，培养起独立生活的能力，以及对自己、对家庭、对社会的责任感。

2.给孩子长大的机会

苏联教育家马卡连柯说过："一味地抱着慈悲心肠为子女牺牲一切的父母，可以算得上最坏的教育者。"父母爱孩子是人之常情，但是爱孩子的时候要有原则和尺度，父母要控制住自己的感情，给孩子独立生活的机会，让孩子成为真正独立的个体。

有一位母亲为她的儿子伤透了心，她不得不去找心理专家寻求解决的办法。

专家问："孩子第一次穿衣服系扣子的时候，把扣子系错位置了，从此之后，你是不是就没有再给他买过带扣子的衣服？"那位母亲很惊讶，然后点了点头。

专家又问："孩子第一次切菜的时候，切破了手指，从此之后，你是不是不再让他走进厨房了？"那位母亲更惊讶了，连忙说是。

专家接着问："孩子第一次洗自己衣服的时候，整整用了两个小时，还是没有把衣服洗干净，然后你就嫌他笨手笨脚了？"这时，那位母亲惊愕地看了专家一眼，点头说是。

"孩子大学毕业后找工作，你又尽全力动用了自己的关系，为他找到了一个让很多人都美慕不已的职位，是这样吗？"专家又问道。那位母亲更惊愕了，她终于忍不住了，从椅子上站了起来，凑近专家问："您是怎么知道这些的呀？"

"根据那个系错的扣子知道的。"专家回答说。

这位母亲问："那以后我该怎么办呢？"

"很简单，在他没有钱时，给他送钱去；在他要结婚的时候，给他准备好房子；当他生病的时候，带他去医院。这是你今后最好的选择，关于其他的，我也就无能为力了。之所以会这样，那是因为从一开始，你就没有给孩子一次让他自己长大的机会，现在已经来不及了。"专家最后说。

作为父母，给予孩子真正的爱，就是要努力为孩子创造一个广阔的成长空间。大胆放开手，给孩子长大的机会，让他自己长大，这样才能克服孩子的依赖心理，培养孩子自立自强的能力。正如现代政论家邹韬奋所说："凡是儿童自己可以干得来的事情，总是让他们自己去干，看护或教师至多在旁指导或看着，决不越俎代庖，要从小就养成他们的自立精神。"如果父母总是认为孩子还小，什么事都不懂，什么也不会做，然后为孩子做这做那，那么孩子可能就没有长大的机会了。

改掉孩子做事磨蹭的毛病

很多父母都有这样的烦恼：孩子做事总是慢吞吞的，一点都不着急，做作业比别人慢，跑步比别人慢，就连抢糖果也比别人慢半拍。对此，父母总是焦急万分，打不得骂不得，不知道该怎么办。

早上六点钟，妈妈叫刘洋起床，到了六点二十，刘洋才穿好一件上衣，而妈妈已经准备好了早餐。为了避免孩子上学迟到，妈妈赶快走到孩子的床前，帮孩子快速地穿好衣服，然后给孩子挤好牙膏，倒上洗脸水，让孩子刷牙洗脸。

六点四十分，开始吃饭了，刘洋拿着一块面包，咬一口后看见了旁边的玩具，就离开饭桌拿着玩具玩了起来，妈妈急忙把他拉到桌边吃饭，一块面包刘洋整整吃了十五分钟。妈妈眼看着孩子要迟到了，只好把早餐奶放进孩子的书包里，急忙去送孩子上学。刘洋进教室时，上课铃声响起了。

刘洋的妈妈松了一口气，但孩子处处磨蹭的生活习惯实在让她感到头疼，担心孩子长大后做事情依旧拖沓，以后跟不上时代的步伐。

生活中，相信很多父母都遇到过这样的情形：孩子起床后磨磨蹭蹭，没有时间观念，父母在一边干着急，孩子却无动于衷、我行我素。遇到这种情况，有的父母干脆代劳，替孩子完成分内的事情，性子急的父母就强行帮孩子做，甚至和孩子产生冲突。久而久之，这种做法就容易造成孩子的被动型人格，影响孩子心理的健康发展。

磨蹭、拖延对孩子的危害很大，它会消磨孩子的意志力和进取心，让孩子变得懒惰、颓废、得过且过，这样就容易导致失败，而失败的结果又会使孩子情绪消极，从而更加消极待工。在这样的恶性循环中，成功也会远离孩子。

李天快上小学了，可做起事来总是慢吞吞的。从吃饭穿衣，到画画儿、写字、做游戏，他的作业永远不能按时完成，还经常忘掉一些该做的事。每当需要为某事做好准备时，比如上学、洗澡、去亲戚家等，如果妈妈不冲李天大叫："快点儿，马上就走！"他是绝不会准备好的。有时妈妈看着实在着急，就只好帮李天弄好。

对此，李天的妈妈很犯愁：为什么李天做事总这么拖沓，是不是天生脑袋笨呢？

一天，妈妈和李天聊天，问李天："为什么每次妈妈让你做事，你都不能很快做完呢？"李天想了想，说："我不想做那么快，是因为这样妈妈就可以帮我做了。"妈妈这才意识到，原来是自己总帮孩子做，孩子养成习惯了，认为自己做不完，妈妈就会帮忙做了。

孩子做事磨蹭、拖沓，多源于家庭教育环境的影响和良好教育方式的缺失。对于做事拖沓的孩子，不少家长总是心急如焚，一味地批评甚至打骂绝对不是好方法，孩子磨蹭的习惯并不是天生的，所以父母一定要对症下药，用耐心和爱心帮助孩子逐步改正，不要操之过急，要注意总结方式方法，不断提高孩子的效率，进而帮孩子改掉拖沓的坏习惯。

1.帮孩子制定作息时间表

李女士的女儿叫媛媛，做什么事情都非常慢，为此，李女士常常抱怨并叫女儿"小乌龟""小蜗牛"，就算这样，媛媛一点儿也不生气。

如果仅仅是慢就罢了，媛媛还有一个坏毛病，那就是做任何事情都不踏实。弹钢琴不到5分钟，她就要喝水、吃东西，明明20分钟能弹好的，她总要磨蹭一个小时。每天晚上刷牙洗脸时，她总要把卫生间台面上的东西玩个遍，一直磨蹭到10点多才上床。

媛媛上学以后依旧改不掉做事拖沓的毛病，早上起来，穿衣、洗脸刷牙、吃饭、整理书包四件事没有一个小时是完不成的。刚上一年级，作业不多，学习负担也不重，但如果没人催促她，她一个小时都完不成。媛媛花在每件小事上的时间非常多。比如，扣扣子3分钟，将袜子翻个面3分钟，看到一件小东西再摆弄5分钟，甚至有时候，当一件事情做完之后，她根本就不知道下一步该做什么。

所以，李女士和丈夫不得不紧紧地盯着女儿，看着她做完一件事就提醒她要做的第二件事是什么。

后来，他们听取了教育专家的建议，给孩子制定了严格的作息时间表，要求媛媛严格执行，比如，早上起床30分钟，具体到穿衣10分钟、刷牙5分钟、吃早餐10分钟、整理书包5分钟，等等。晚上回家也是一样，比如做作业1个小时，吃饭1个小时，看电视1个小时，等等。如果女儿执行得好，就会给予一定的奖励。在空闲时间，他们还会给媛媛讲一些名人争分夺秒学习知识、坚决果断执行计划的事迹，慢慢地，媛媛认识到了时间的重要性，做事情也利索果断起来了。

为了帮孩子改掉拖延的坏习惯，父母可以和孩子一起制定作息时间表，让孩子感觉到时间的流逝以及时间与自己某些活动的联系，最好是具体到细节，比如，什么时间起床，洗漱需要多长时间，吃饭需要多长时间，放学后做作业和看电视用多长时间，几点休息等，都要严格制定，这样会对孩子起到约束和监管的作用。对时间管理越严越细，效率就会越高。

2.让孩子为磨蹭付出代价

一个人应当承受他的行为引起的后果，从而调整自己的行为方式。孩子磨蹭，就让他体验磨蹭的后果，认识到磨蹭的危害。比方说，孩子早晨起床后磨磨蹭蹭的，家长不要急，也不要去帮他，可以提醒孩子"再不快点可要迟到了"，如果他依然在那里磨磨蹭蹭的，不妨任由他去，不必担心孩子上学会迟到，其实我们恰恰就是要让孩子体验上学迟到的后果，孩子如果真的迟到了，老师肯定会询问他迟到的原因，孩子受到批评后，就会认识到磨蹭给自己带来的危害，几次以后孩子自然就会加快速度。

　　李女士面对女儿的磨蹭，最常用的办法就是忽视、不理睬。

　　女儿已经7岁了，但是吃饭很慢，时不时跑去看电视，时不时摆弄玩具。要是以前，李女士一定会不断催促女儿快点吃，但是现在她只说一句："吃饭要专心，如果我们都吃完了，你还没吃完，那么你的碗你自己洗。"然后对女儿的磨蹭行为不予理睬。

　　如果女儿真的最后一个吃完饭，那么李女士会坚决要求女儿洗自己的碗。这种情况发生了两次，女儿觉得洗碗太麻烦，于是开始专心吃饭，吃饭的速度也快了起来。

　　女儿做作业也喜欢磨蹭，李女士同样用这个方法改变了女儿的恶习。她规定女儿在7点半到9点这段时间写作业，到了9点就让女儿睡觉，即使女儿没有完成作业（除非情况特殊，女儿的作业太多了），她也会要求女儿睡觉。好几次，女儿因没完成作业被老师批评，回来后向李女士抱怨。李女士就告诉女儿："如果你每天晚上抓紧时间写作业，就很容易完成作业了，如果你磨蹭，就会浪费时间，作业就会完不成。"通过这样的引导，女儿逐渐改变了写作业磨蹭的毛病。

可见，孩子只有在体会到磨蹭会给自己带来损失之后，他才能够自觉地快起来，因此，让孩子为自己的磨蹭付出代价，让孩子自己去品尝磨蹭的后果，这不失为一个改掉孩子磨蹭毛病的好方法。

3.与孩子开展速度的比赛

父母可以多与孩子玩一些竞赛的游戏，使孩子在游戏中提高自己的速度。例如，和孩子比赛穿衣服，看谁穿得快。这些游戏能给孩子带来紧迫感，加快孩子的动作速度。通过不断让孩子感受比赛的胜利，让孩子尝到动作快的甜头。

牛牛在学校做事总是很麻利，写作业、打扫卫生，做什么都是最快的，因此常常得到老师的表扬。其实，牛牛小时候也是个爱磨蹭的孩子，妈妈发现了他的这个毛病之后，就有意识地引导他去和别人进行速度比赛。比如穿衣服时，妈妈说："牛牛和妈妈比赛，看谁穿得快。"洗澡时，妈妈说："牛牛和爸爸比赛，看谁洗得又快又干净。"在外面玩时，牛牛妈妈也鼓励牛牛和小朋友比赛。渐渐地，牛牛适应了和爸爸妈妈步调一致的生活节奏，变得像个做事有条理、讲效率的小大人。

孩子喜欢比赛做游戏，喜欢当第一。经常与孩子进行一些小比赛，如比赛洗脸、穿衣、收拾玩具，使他们在比赛中提高做事的速度，这时孩子会很高兴地把事情做完。

帮孩子摆脱不讲卫生的坏习惯

良好的生活卫生习惯是保证孩子身体健康的必要条件。从小培养孩子良好的卫生习惯，不但可以帮助孩子成为一个有素质的文明公民，还能够让孩子健康苗壮地成长。

知心姐姐卢勤曾说过："良好的卫生习惯是从小养成的，一旦陋习形成，长大改起来就难了。一位电视台编导对我说，他和一位具有硕士学位的记者出差，走在路上，这位先生'啪'一口痰吐在了地上，编导问他为什么不吐在纸里，这位记者不好意思地说：'我从小吐惯了。'当习惯成了自然，真是想改也不容易。看来根本的办法，就是从娃娃抓起，让孩子从小接受卫生教育，从小养成勤洗手、不随地吐痰、不乱倒垃圾的好习惯。当好习惯成了自然，陋习也就失去了立足之地。这样，就会真正筑起抵抗各种病毒的长城。"

孩子卫生习惯的培养就像盖高楼大厦一样，如果地基打不好，高楼是盖不好的，孩子思维敏捷，聪明伶俐固然重要，但从小培养孩子形成良好的卫生习惯对其一生的影响都很大，这一问题不容忽视。

讲究卫生不仅是个人健康的需要，更是一个人素质的体现，它还关系到他人的健康，关系到整个社会的形象。因此，作为父母，一定要从小培养孩子爱整洁、讲卫生的好习惯，这样才能让孩子健康成长，从而创造更辉煌的事业。

有一个食品公司，和外商洽谈一个合资项目。项目基本上谈妥了，只剩下最后举行签约仪式。外商提出参观一下工厂，公司总经理带着外商在打扫得干干净净的厂房里转悠，外商看得频频点头，很是满意。突然，西装革履的经理觉得喉咙不舒服，他咳了一下，随地吐了一口痰。外商皱了皱眉头，一会儿便告辞了。回去后，他通知中方说，签约仪式取消了，原因很简单，就是因为总经理的那一口痰。他说："食品生产需要严格的卫生措施，如果公司的管理者都有这样不好的卫生习惯，那么整个公司的卫生习惯就可想而知。"

卫生习惯是一个人的素质体现。一个人如果不注重个人卫生，必定会影响到他人对自己的印象，以致影响今后的人际关系与个人发展。俗话说：冰冻三尺，非一日之寒。人的许多习惯都是从小逐渐形成的。如果能从小养成良好的卫生习惯，可能就不会发生故事中"因一口痰而错失签约"的情况。

良好的卫生习惯会影响孩子一生的健康，使孩子受益终身。每个家长都希望自己的孩子干净、讲卫生、人见人爱。让孩子养成良好的卫生习惯，也是家长需要认真完成的功课。可让家长烦恼的是，这件事情并没有想象中那么容易。

亮亮的两只手好像从来没有沾过肥皂。"该去洗澡了！"每次妈妈闻到儿子身上的味道，就忍不住要说他。"好吧，睡觉前我会去洗的。"亮亮顺从地回答。可是，从浴室出来，亮亮的头发湿了，脏衣服也换成睡衣了，那股味道却还在。"你闻起来和你洗澡前没两样。你确定你洗过了吗？"妈妈大声地质疑他。"当然洗了呀"，亮亮赶紧离开，丢下一句肯定的回答。

爸爸和妈妈发现，他们的儿子似乎不知道该如何洗澡。于是，他们决定要给他上一堂关于洗澡的课。第二天晚上，他们把亮亮叫到跟前。爸爸说："亮亮，我知道你宁愿做很多事情也不愿洗澡和洗头。可是，保持清洁是一件很重要的事。所以我和妈妈想了一个简单的法子，可以帮你保持清洁。从今天开始，每天晚上睡觉前，你必须洗澡、洗头。洗好后，我们会检查，如果洗得很干净，就用点数当奖励。点数越多，你可以选择的特殊待遇就越多。例如，可以晚睡或是多看半个小时电视。可是，如果洗得不干净，你就得回去重洗，一直到洗干净为止。知道了吗？""我知道了。"亮亮把内容又简述了一遍。

当天晚上，亮亮洗好澡后去给爸妈检查。他的头发是湿的，可是却没有洗发精的味道。爸爸脱下亮亮的上衣，搓搓他的肚皮，有一层黏腻的污垢。"看来我得陪你回浴室再洗一遍"。爸爸说完，带着亮亮回到浴室。

这一次，亮亮左搓右揉了好一阵子。当他离开浴室时，干干净净的。他的爸爸妈妈好好赞许了他一番。第二天，情况没变，亮亮洗了两次澡。第三天，亮亮终于洗一次就清洁干净了，并通过了爸爸的检查，获得了他第一次的点数。他选择要延迟15分钟上床。全身干净清爽的感觉真好，能和爸妈一起多看15分钟的电视更棒。

渐渐地，洗澡不再是做苦工，反而变成亮亮生活中的一部分了。

良好的生活卫生习惯是保证孩子身体健康的必要条件。孩子的抵抗力比较差，容易感染疾病，而良好的生活卫生习惯，不仅对预防疾病、保障健康有重要意义，而且对孩子以后的生活也会产生深远的影响。

但是，良好的卫生习惯的形成并非一朝一夕之功，它需要家长不断地督促、引导，所以，家长一定要有耐心、持之以恒。这是家庭健康教育的一个重要内容。

1. 给孩子灌输卫生意识

有些时候，孩子不讲卫生是因为他缺乏相关的卫生知识，因此，家长要进行适当的卫生知识教育，让孩子了解不讲卫生所造成的危害，可以有效培养孩子讲卫生的好习惯。

孙颖的妈妈是位医生，由于职业的关系，她特别注意培养女儿的卫生习惯。妈妈经常跟孙颖说："要做个讲卫生、爱清洁的孩子，这样别人才会喜欢跟你在一起。"

教孩子讲卫生，妈妈首先让孙颖从饭前便后洗手做起。开始孙颖不明白，妈妈就解释给女儿："因为我们的双手每天要碰到各种各样的东西，会沾染很多细菌。如果在吃饭前不洗干净，吃饭时就会把细菌吃到肚子里，就会长出虫子来，人也会生病。"

所以，每次孙颖洗手时，妈妈都为她准备好肥皂、擦手毛巾，并教给孙颖正确的洗手方法。在妈妈的教导下，孙颖每天早晨起床后都会自己洗脸、洗手。特别是在吃饭前，孙颖再也不用妈妈提醒洗手了。现在，孙颖已经完全养成了良好的卫生习惯。

可见，只有让孩子意识到不讲卫生的危害，才能树立起孩子讲卫生的意识。因此，家长应从小给孩子灌输讲卫生的意识。

2.给孩子制定卫生规则

给孩子制定严格而具体的卫生规则，让孩子去遵守，让孩子养成良好的卫生习惯。例如，饭前便后洗手、吃水果要洗净等。父母在制定这些卫生规则的时候，一定要向孩子说明这些规则的意义，并让孩子严格遵守，最后习以为常，形成自觉……直到孩子的良好卫生习惯的形成。

一位聪明的妈妈是这样和自己的"邋遢小子"过招的：

我们家的子均是名副其实的"邋遢小子"，为了改正孩子不讲卫生的坏习惯，我就给他制定了规则，例如不洗手不准碰吃的东西，每天要自己整理房间等等，不过有时这小家伙也故意让我为难。

有一天，他又为自己的不讲卫生找理由："妈妈，我的手受伤了，我今天不想洗手。"

"均均，我们之前不是定好规则了吗，不洗手就……"

"妈妈，可我真的不想洗手，就这一次，这一次……"

看着儿子祈求的眼神，我假装故意没听到，然后继续做自己的事情，没有理他，而丈夫也在我的眼神示意下，对儿子"不理不睬"。吃饭的时候，儿子蹑手蹑脚地凑到饭桌前，但是，我们没有给他餐具，也没有给他盛饭。

纵使小家伙的眼里蓄满泪水，我们也无动于衷，最后还是儿子妥协了，说："爸爸妈妈我去洗手，我们一起吃饭吧。"这时，我和丈夫都露出了赞许的目光，然后儿子乖乖地去洗手了。

很多时候孩子出尔反尔并不是他们有意要违反规则，而是因为他们自身生理特点的原因，孩子讨厌被长时间束缚，更渴望得到自由，这时父母就要适当地强势一些，引导孩子按照规则执行，否则就会助长孩子耍赖、不讲卫生的坏毛病。

3.帮孩子养成良好的卫生习惯

不知从何时起，小鑫养成了不讲卫生的坏习惯，妈妈每天要他洗澡，他总是推三阻四不肯进浴室，更别提饭前洗手、刷牙漱口这些卫生习惯了。因此，小鑫常闹肚子痛，牙齿也被虫蛀了不少。

上学时，原本干净整洁的校服，不到几天便让小鑫弄得又破又脏。妈妈眼看其他的小朋友整洁漂亮，自己的宝宝却像一只又脏又臭的小猪，真是苦恼极了。她教小鑫刷牙洗脸，但小家伙哗啦啦两下便完事了。告诉他不要捡掉在地上的食物吃或往脏处钻，他总是改不了。妈妈不断地提醒、警告、责罚，都不能生效，该怎么办才能让小鑫改正坏习惯呢？

后来，妈妈请教了教育专家，在专家的帮助下，妈妈耐心地改变小鑫不讲卫生的坏习惯。半年之后，终于把儿子改造成了一个干净、讲卫生的好孩子。

养成良好的卫生习惯，有益于孩子身心的健康成长，所以，父母要培养孩子从小养成以下卫生习惯：

（1）身体卫生习惯。正确地洗手、洗脸，勤理发、勤洗澡、勤剪指甲，等等，这不仅能清洁身体，保证卫生，而且能够促进健康。

（2）饮食卫生习惯。每天都要吃早餐，不偏食、挑食，定时定量进食，不乱吃乱买乱扔，饭前洗手，不喝生水，餐具清洁，生吃瓜果要洗后削皮，不买、不吃"三无"食品和过期的食品，不吸烟，不喝酒等。

（3）公共卫生习惯。不随地吐痰，不乱扔果皮纸屑，先洒水后扫地，不在墙上乱涂乱画，认真做好值日，保持教室、校园清洁卫生等。

4.父母对孩子进行言传身教

孩子的模仿力极强，他们模仿的主要对象是父母，父母是孩子的第一任老师，其言行举止具有很大的感染力。所以，父母首先要检点自己的行为，真正成为孩子的表率。孩子在父母良好行为的潜移默化的影响下，自然会形成良好的卫生习惯。另外，故事、诗歌、歌曲、影视作品中的艺术形象也有很强的影响力和感染力，孩子也很喜欢模仿。因此，父母注重引导孩子接触好的艺术作品，通过这些最直接、最具体、最形象的影响来培养孩子良好的卫生习惯。

培养孩子正确的消费观念

在当代社会，消费能力是生存能力的重要组成部分，也是每个人必备的基本素质，能不能合理地消费将直接影响到一个人一生的幸福。伴随着孩子的成长，会不会合理地应用金钱，能否合理地消费成为孩子走向成熟、迎接挑战、学会生存的重要标志。因此，科学地支配金钱，引导孩子从小学会合理消费，是当今家庭教育中的重要问题。

文文是个独生女，由于爸妈经常忙于工作，没有太多的时间照顾女儿，于是经常给予女儿多于实际年纪儿童该有的零用钱，以此弥补他们无法陪伴文文的内疚，而且，不管文文有什么要求，爸妈都会想尽办法满足她，至于文文如何使用零用钱，他们从来都不管。

于是文文养成了花钱如流水的坏习惯，每次陪妈妈逛街，她都会买一堆商品，并且产生莫名的成就感。由于文文毫无节制的消费，每次接近月底时，文文都没有足够的零用钱可以使用，于是，她会向父母索取更多的零用钱。

可见，孩子缺乏合理而适度的消费观念，这与父母的教育方式有直接的关系。不少父母认为舍得为孩子花钱就是爱孩子，这种做法使孩子从小生活在金钱堆中，过度重视物质享受，养成了随意消费的坏习惯。所以，父母一定要重视对孩子的金钱教育，让孩子学会正确对待金钱，合理消费。

金钱是一把双刃剑，家长为孩子提供富足生活本身不会对孩子有害，但是如果忽略了健康、正确的价值观的引导，就会给孩子带来负面影响。所以，引导孩子合理消费刻不容缓。家长应教孩子学会正确看待社会上存在的消费误区现象，并及时加以引导，使孩子养成适度、科学的消费习惯。

刘先生的儿子上小学了，很乖巧，学习也很用功，就是有一点让刘先生不满意，儿子总是大手大脚，一个学期才过了一半，铅笔、橡皮就不知道买了多少。要是真的在用倒也没什么，可是儿子总把好端端的一块橡皮，用小刀割成花生豆一般大的小块，家里到处都是这种"花生豆"。铅笔也是用了一半就再也没动过。

其实刘先生也不是买不起这些铅笔、橡皮，而是觉得儿子从小就应该养成一个好的生活习惯，不能铺张浪费。他左思右想，终于想出了一个办法。到了他发工资这天，他把儿子叫到了跟前，拿出100块钱对儿子说："这100块钱是给你的，以后每个月我发工资后，都会给你100块的零花钱。你平时用的铅笔、橡皮等小文具都用这个钱买，以后我不再负责给你买了。你也不能再向我要钱买文具，除非是我自己情愿给你的。另外，这些钱虽然由你自己保管、自己使用，但是，买了什么要记得告诉我。"

儿子头一次自己管钱，觉得很高兴，满口答应下来。这招还真灵，儿子从那以后果然变得仔细起来。原来半截的铅笔又回到了他的文具盒里，家里随处可见的"花生豆"也消失了。这样几个月下来，他手里已经有了不少存款。

有一天，刘先生带儿子逛商店，他像往常一样直奔玩具柜台。要是平常，不给他买点东西，他是不会离开那儿的，但是今天，刘先生决定陪着孩子看。孩子兴奋地看看这件，又瞅瞅那件，似乎都很喜欢。最后他看中了一套小汽车，标价是300元。孩子高兴地冲着爸爸说："爸爸，我想买这套小汽车，咱们家里还没有这样的呢！"而刘先生满不在乎地回答："行啊，你自己有钱，买什么样的自己说了算。"儿子着急了："可是我的钱不够啊，您能不能先帮我垫上啊？"刘先生不客气地说："可以，但是这钱你必须还我。"儿子说："可是我怎么还您啊？"

刘先生故意刺激儿子："以后每个月的零花钱我就不给你了，这样很长时间你将没有零花钱，学习用品也只好想别的办法了。"儿子想了想，终于说："爸爸，您先去别的地方看看吧，我再考虑一下行吗？"看来刚刚的话起到作用了，刘先生很高兴，就说："行！想好了买哪样，再来跟我借钱啊。"

过了一会儿，儿子跑过来对爸爸说："爸爸，那小汽车太贵了，我不买了。"刘先生紧跟着说："想好了，真的不买了？这可不是我不让你买，是你自己决定的啊。"儿子点点头说："真的不买了。"为了表扬儿子，刘先生给他买了一支自动铅笔，儿子高兴了半天。儿子一天天地长大，他把节省下来的几百块钱交给爸爸，让刘先生帮他存进银行，说是留着上大学用。瞧着儿子那人小口气大的样子，刘先生深感欣慰。

这个案例中刘先生的做法无疑是聪明的。在现实生活中，孩子需要理解金钱的意义，养成良好的消费习惯和理财习惯，为他长大成人后在经济社会立足打下基础。如果孩子长大以后，才发现管理金钱的重要性，此时父母再教导理财，他们的习惯通常已经养成，而且很难改变了，因此，父母应该从小培养孩子正确的消费习惯，这是理财教育最好的开端。

1.培养孩子储蓄的习惯

小哲每天从幼儿园出来，总是缠着妈妈要这要那。小哲平均每天就要花掉四五元钱，妈妈粗略地算了一下，小哲一个月要花掉一百多元零花钱，一年下来也是一笔不小的支出。能不能把这笔钱存起来呢？妈妈开始有意识地让小哲了解储蓄。

有一段时间，小哲非常想得到一个价值三十元的玩具四驱车。妈妈利用小哲想买玩具的强烈愿望，因势利导，激起他存钱的兴趣。她对小哲说，假如你一天不吃零食，妈妈就给你存一元钱，这样一个月就能存三十元，那时就可以买四驱车了。从那以后的许多天里，小哲竟然抵制住了零食的诱惑，终于成功地存够了三十元钱。

当他拿到心爱的玩具时，妈妈带小哲去银行，让他看妈妈把工资存入银行的过程，并教给他一些储蓄的基本知识，告诉他钱存入银行不仅安全方便，可以得到利息，而且还能为国家建设做贡献。随后，妈妈给小哲制订了一个个有具体目标的储蓄计划：比如从最初的存三十元买四驱车的钱，到存五十元买大积木的钱，再到存八十元买滑冰鞋的钱……储蓄的目标越来越高，存钱的周期也逐渐延长。现在，快要上小学的小哲正在一点一点地为存足一百五十六元买小写字桌而努力呢。

储蓄是理财的基础。父母可以陪孩子到银行办理账户的申请，也可趁机教导孩子一些存取款的手续和知识。当孩子拥有自己的一本存款簿，知道其中的数字意义，他会愉快地看着日渐增加的存款，进而养成良好的储蓄习惯。如果存款簿的数字很少，而又有想买的东西时，孩子自然会努力存钱了。

2.向孩子公开家里的经济状况

父母要让孩子了解到家庭的实际消费承受能力。让孩子了解家庭的财政收支情况，清楚自己家庭的经济账，明白家庭的经济承受能力，理解家长在开销上的节省和限制，让孩子量力消费。在父母的经济承受能力内来消费，才能够让孩子做到合理消费，从而培养出孩子正确的消费理念和理财观，帮助孩子克服攀比心理和乱花钱的毛病。

小敏每次看到同学买了新的东西而自己又没有时，就会回家来向父母要。而妈妈每次听完孩子的想法后，便发现这些要求都是孩子的一些比较奢侈的消费需求。周五放学回家，小敏跟妈妈说："我想买一个iPad。"而妈妈觉得她现在的任务是学习，这个东西对她的学习没有太大的帮助。

是孩子的虚荣心让她想要这个东西。思量再三，妈妈觉得随着孩子年龄的增大，可以对孩子公开家庭的财务状况，让孩子也参与到家庭的理财过程当中来，以避免她总是提出一些奢侈的消费需求。

妈妈向小敏公开了家庭的财务状况之后，她更加清楚了家里的经济情况了。因此，有些东西她就不想买了。她知道了自己家里一个月也只能够节余两千多块钱。这些钱还要支付自己的学费和应对家庭的一些应急需求。所以小敏慢慢地学会了体谅父母。在面对自己一些不合时宜的消费需求时，也就不再向父母提出了。

让孩子了解家中的经济状况，也是让孩子参与家庭理财的一种方法，不仅可以使孩子能够体谅家长的难处，避免孩子整天嚷着买这买那，而且还可以使孩子在家庭经济走入困境时，为家长分忧解难。

3.父母要以身作则，合理消费

小雅的妈妈是一个工薪阶层，虽然每个月的工资不多，但她却对生活品质有着极高的要求。平时，她带小雅去逛商场，经常买一些名牌高档商品。看得多了，小雅在自己的生活中，也总是想要买最贵的东西。

小雅的铅笔盒是商场里最贵的，全自动三层。她的橡皮擦也是名牌，是最新上市的卡通造型。很多时候，她的旧橡皮还没有用完，但是新的造型又上市了，小雅也就马上换新，旧的也就被她丢到垃圾桶里去了。

有一次，妈妈帮小雅统计了一下，她一个月的开销竟然是全家最多的一个。妈妈也在反思，孩子的这种消费观念是不是与自己有关。

肯定是自己错误的消费理念影响了孩子。

生活中，家长的消费观念会潜移默化地影响到孩子，孩子通过父母的言行感知外界事物，从而慢慢形成自己的认识和看法。所以，家长在消费时一定要量力而行，不能不切实际地追求名牌。

培养热爱劳动的好孩子

劳动，是人区别于其他动物的基本条件，人类能够繁衍生存下去，是离不开劳动的。不管社会怎样进步、科学怎样发展，劳动永远是人们创造美好幸福生活的根源。现代社会的每一位家长都应重视对孩子的劳动教育。在家庭教育中，劳动教育是必不可少的。因为劳动观念的培养、劳动技能的掌握，是孩子成才的必要条件。

哈佛大学学者曾经做过一项调查研究，得出一个惊人的结论：爱干家务的孩子和不爱干家务的孩子相比，成年之后的失业率为1∶15，犯罪率为1∶10。另有专家指出，在孩子的成长过程中，家务劳动与孩子的动作技能、认知能力的发展以及责任感的培养有着密不可分的关系。

然而，如今的孩子绝大多数是独生子女，一般在家里完全不会做或很少做家务，自己能做的、该做的事情一般都不会主动去做或是这些活都让家长给做了。其实，懒惰并不是天生的，孩子的懒惰心理大多数是后天养成的，与家庭教育有极大的关系，许多家长认为，如今条件好多了，孩子又是独根独苗，因此，无论如何不能让孩子吃苦受累。有的父母常说："我们的童年过得很艰辛，再也不能让孩子经受我们的那些磨难了。"正是怀着这种想法，父母尽其所能地代替孩子完成一些理应由他们自己完成的事。如做作业、干家务、值日扫地、上学背书包，等等。有些家长怕孩子干不好，不如自己干来得省事；有些家长认为孩子学业重，功课多，不想占用孩子的宝贵时间；有些家长认为孩子的任务是学习，劳动作为一种技能以后自然会做的，用不着家长教育。这样，孩子就渐渐失去了劳动的意识，养成了不爱劳动的坏习惯。

据报道，德国制定了法规，规定孩子必须帮助父母从事家务劳动。6～10岁的孩子应帮助父母洗碗、买东西、扫地；10～14岁的孩子要参加整修草坪园子的劳动；14～16岁的孩子要帮助父母清洗汽车、参加园艺劳动；16～18岁的孩子每周要参加一次家庭大扫除。世界各国城市的小学生每日劳动时间也比中国多。据统计，美国小学生每日劳动1.15小时，泰国小学生每日劳动1.18小时，韩国小学生每日0.7小时，英国小学生每日0.6小时，中国小学生每日0.2小时，即中国小学生每日劳动时间只有12分钟。

可见，中国孩子与国外孩子在独立意识、自主能力和吃苦耐劳精神等方面表现出较大差异，这不由得让人担心，如果我们培养出来的未来一代是轻视劳动、缺乏劳动技术能力的一代，那么将来他们靠什么去生存立足，又怎么能担当起建设国家的重任呢？

因此，父母应该从小注意对孩子进行劳动意识的教育，进行对劳动实践的培养，让孩子在劳动中体验快乐和喜悦，这对孩子的成长十分有利。

希尔顿是美国希尔顿饭店的创始人，他很小的时候，父亲就注重培养他劳动实践的能力。

有一天，天刚亮，父亲就把希尔顿叫起来，把一个大约两米长的草耙交给他，并用愉快的声调说："你可以到畜栏里工作了。"希尔顿接过这个比他的个头高两倍的草耙，开始了他人生中的第一次劳动。就这样，希尔顿少年时代便在父亲的带动下，边读书边干活，养成了勤勉和善于经营的本领。

希尔顿上学后，父亲专门开辟了一块地给他，让他自食其力，学会耕种赚钱。他在地里种上青菜，每天放学后就跑去松土、浇灌和施肥。等青菜收获了，他便拿到市场上去卖。这时，他的第一个顾客往往是他母亲。当他接过母亲手中的钱时，他总是深深地感受到收获的欢喜和成功的快乐；同时也对自己的劳动成果倍加珍惜。

学校放假时，希尔顿就跑到父亲的商店里去打工，跟父亲学做生意。父亲教他如何处理各种各样的业务，如何积攒信用，如何与顾客讨价还价，如何揣摩顾客的心理需求，如何进货退货，以及如何在紧要关头保持心平气和。有一次，父亲让他帮助进货。他一个人跑到离家几百里的地方，一去就是十几天。在这样的磨炼中，他得到了许多经验，胆子也越练越大，迅速地成了一个出色的小生意人。而这些必要的训练和宝贵的经验促成了他日后的成功。

由此可见，从小培养孩子的劳动习惯，对于孩子的成长是极有好处的。劳动不仅能够造就一个人，而且能够给人以快乐和幸福。

我国现代著名教育家蔡元培先生曾说："劳动是人生一桩最紧要的事

情。"法国著名作家法朗士也说:"人类的劳动是唯一真正的财富。"所以劳动对每个人都是很重要的一件事,孩子当然也不例外。

劳动教育的目的在于培养孩子做人的基本品质和基本能力,如果家长忽视了劳动教育,就是忽视了孩子学做人的最重要的内容。一旦孩子成了懒人,想让他变勤俭就非常难了。所以,让孩子参加力所能及的体力劳动,对孩子进行劳动教育是所有父母应尽的职责。

1. 教给孩子一些劳动技能

现实生活中,有些孩子愿意帮助父母干些力所能及的家务活,但因为不会干,反而越帮越忙,甚至弄坏了这碰坏了那,从而因为害怕失败而导致孩子丧失劳动积极性。解决这种问题的根本方法就是家长要培养孩子的劳动技能。

有一次,艳红在帮助妈妈洗碗的时候,由于碗碟没有摆放好,最后斜着倒地,那些碗变成了碎片。艳红惊慌失措,胆怯地望着妈妈,不知该如何是好。妈妈笑着安慰艳红说:"没关系的,你能帮妈妈洗碗,妈妈已经很高兴了,打碎几个碗没什么大不了,以后小心点儿就是了。"在妈妈的安慰下,艳红悬着的心终于放了下来。接着,妈妈又给艳红示范洗碗时的注意事项,告诉艳红放碗和碟子时,一定要摆放稳当,洗碗的水龙头不要开得过大……在母亲的鼓励和教导下,艳红很快成了家里的劳动能手。

做什么事都需要一定的技能,劳动也不会例外,所以父母应该教给孩子一些劳动的程序、操作要领、方法和技巧等。比如,要孩子做饭,就应该告诉他做饭的程序，放多少水，煮多长时间，必要时要给孩子做示范。另外，在教孩子学会劳动技能的时候不要急于求成，而应该根据孩子的年龄特点，循序渐进，逐渐提高劳动的难度和强度，使孩子在掌握劳动技能的同时，发展他们的想象力和创造力。

2.让孩子有劳动实践的机会

苏娜是小学三年级的学生，她从小没有做过家务活。在学校里经常逃避大扫除等集体劳动，引起了同学的不满。老师把这个问题反映给了她的父母，父母这才意识到自己没有给孩子提供劳动实践的机会，于是决定改变孩子这种不爱劳动的毛病。

暑假到了，父母带苏娜去野营。但是，父母在野营中不再像以往那样对苏娜呵护备至，而是鼓励她多动手，多尝试。平日不爱劳动的苏娜在这次野营活动中吃尽了苦头，但她也在劳动中意识到了自己的不足，认识到自己的生活自理能力和劳动能力太差了。

回家后，苏娜经常主动帮助父母做家务。经过一段时间的劳动实践，苏娜对劳动已经不再厌恶了，反而喜欢上了劳动。

看来，对孩子进行劳动教育，不能只限于口头，而应该通过劳动实践来进行，多给孩子创造劳动实践的机会。如果家长在平常没有让孩子参加具体的劳动，那么，孩子是不太可能爱劳动的。

3.及时鼓励和表扬孩子的劳动行为和劳动成果

周末的一天，小丽的妈妈加班，回到家已经很晚了，她看到厨房里热气腾腾的，餐桌上放着一碗炖豆角，电饭煲里的饭也是热的。她看了一眼问："小丽，这饭是谁做的？"小丽说："妈妈，是我做的。"妈妈说："做菜的钱是哪来的？"小丽说："是用自己的零花钱买的。"妈妈看着眼前的一切，听着女儿的话语，不由得心里产生了一股暖流，激动得眼泪就在眼圈里打转。虽然小丽做的饭水放少了，饭是硬的，但是妈妈吃到嘴里，却甜在心里。她及时鼓励小丽说："女儿做的饭真好吃，下次再做饭时，如果再多加一点儿水就更好了。"听到妈妈的表扬，小丽非常高兴，说："妈妈，明天我还给您做饭。"

对孩子的劳动成果，家长应及时地表扬和鼓励。受到鼓励的孩子得到心理暗示，就会在以后的生活中继续帮助爸爸妈妈做家务劳动。这种刺激与激励的方法更容易让孩子保持热爱劳动的好习惯。

遵守公共秩序从小开始

古语云："不以规矩，不成方圆。"人们用这句话来比喻规则对人的行为要求。行为文明是衡量一个社会、一个民族的文化层次和文明程度高低的一个标准。所谓的行为文明多指遵守各种规则，它的范围很大，一切社会公德、法律法规、各种场合的行为规范都在此列。

　　社会是一个大集体，必须要有某些规则来保证它正常有序地运行，这样才能保证社会的安定和发展。因此，为了保证人们井然有序地生活、工作、学习，我们制定了许多社会行为规范或规则，法律、纪律、日常活动中定的规矩都属此类。身处这个大集体中的每一个人，都必须遵守这些规则，按照规则办事。

　　一位来自北京的学者在日本经历了一次堵车，让这位学者终生难忘。虽然北京堵车这一问题很严重，但见到日本那次堵车的情形，这位学者还是震惊了：从伊豆半岛到东京的路上，成千上万辆车一辆挨一辆排了一百多公里。那场景给人的感觉就是两个字：震撼！

　　那个时间段，几乎所有的车都是回东京的，在道路右侧堵成了一条长龙。左侧空出一条"无车道"，谁要是开到左侧，可以一溜烟直奔东京。可在漫长的等待中，没有一辆车插到空荡荡的无车道上行驶，一百多公里的塞车路上，不见一名交通警察维持秩序。

　　在近十个小时的时间里，车流一步一步地挪，一尺一尺地挪，静悄悄，不闻一声鸣笛。"他们自己竟把这绵延一百多公里的车龙化解了！如此坚忍、守秩序、万众一心的民族，真是令人敬佩！"

　　由此可见，社会生活离不开秩序，秩序需要规则加以维护。

　　秩序是公共生活得以顺利实现的保证，而遵守公共秩序则是衡量一个人精神道德风貌和文明素养的重要尺度。在公共场所自觉约束自己、方便他人、维护秩序，是做人起码的原则；反之，则表明缺乏道德修养。所以，作为公民，每个人都有遵守社会公共秩序的义务。

社会的公共秩序是人们在长期的社会生活中逐步形成和完善的，代表着大家共同的利益、共同的意愿。遵守公共秩序，既是对集体的尊重，也是对自己的尊重，是文明社会中每个公民都应具备的素质。没有秩序，任何社会活动都将无法展开。

中国入世谈判的首席谈判代表龙永图曾经讲过一件事：

"我有个中国同事在联合国任职，他的孩子从小在瑞士长大。有一次大家在日内瓦湖上划船，我们代表团有个成员喝完可乐以后，顺手就把可乐瓶扔到湖里了，这在国内司空见惯。可是这个在瑞士长大的小孩当时脸色就白了，他把这件事告诉了母亲，好像扔可乐瓶的人犯了很大的罪似的。"

遵守公共秩序是社会文明的标志，它能体现出一个地方的管理水平和文明程度。遵守规则是一种教养、一种风度、一种文化、一个现代人必备的品格。如果你想与他人一起和谐生活，每个社会成员都应遵守社会公共秩序。

规则秩序有两种不同的形式：其一，是没有明文规定，只是人们在长期的公共生活中所形成的道德经验与行为习惯，一些约定俗成、共同认可和遵守的行为规范，如乘车按顺序排队，在公共场合不大声喧哗，不破坏、污染环境；其二，是有明文规定的，社会公共生活中的公约、规则、规章、纪律，如交通规则、公园游人须知、学校学生守则等，它通常带有一定的强制性，有的甚至与法律法规有所衔接。

一般谈论公共秩序的问题，主要以成年人为对象。但我们每个人都知道公共秩序需要靠大家共同去维护，孩子也是社会的一分子，出现在公共场合的机会很多，所以，家长有责任培养孩子从小遵守公共秩序的好习惯。

1. 让孩子了解公共规则及秩序

一位妈妈在谈到培养孩子了解和遵守公共秩序方面的问题时，说过这样一件事情：

"一次，我与佳佳一起到新华书店看书，她一看到喜欢的书便大声地喊我：'妈妈，我喜欢这本书！'我连忙把手指放在嘴边，'嘘'了一声，并指了指墙上大大的'安静'二字。她环顾四周，只见大家都在安静地选书、看书，便也轻轻地找了个位置坐下来，连翻书也小心翼翼，生怕发出声音。我在她的小脸上奖励了一个吻，自始至终她都轻轻地取放图书，安静阅读。"

对孩子来说，他们年龄尚小，并不清楚什么是公共秩序，也不明白为什么要遵守公共秩序，更不懂得该如何遵守公共秩序。与其对孩子进行生硬的说教和规定，不如通过各种形式，引导孩子了解并掌握参加公共活动的礼仪，让孩子了解这些秩序和规则。比如：衣着整洁，有秩序地入场；进场后不能打闹喧哗，乱丢废弃物；在活动进行中，要坐（站）在指定位置，不随意走动、大声说话，不吃零食；鼓掌感谢工作人员（主持人、表演者）；顺序退场，等等。家长带领孩子参加活动时，要严格要求、引导他从一点一滴做起，逐步养成懂礼仪、讲礼貌的习惯。同时，还要认识到，这种习惯的养成，不是一朝一夕的事，要放平心态，大胆地带孩子到真实的场景中去体验和学习，绝不能因为孩子出错就禁止他参加公共活动。除了讲解、示范和严格要求、耐心引导以外，还可以编创或收集有关的故事、歌谣，帮助孩子阅读，使他通过具体形式来感受和体验公共场所的规范和要求，也可以让孩子在角色游戏中练习参加公共活动的行为方式。

2.家长要以身作则，言传身教

公共秩序要靠大家一起维护，只要有一个人缺乏自觉性，就会影响大家的合法权益。所以家长要以身作则，用自己的言行为孩子做出榜样，教育孩子为他人着想，从自己做起，自觉遵守公共秩序。

9岁的楠楠上小学三年级，他是个比较调皮的孩子。

星期一的早晨，在妈妈一遍又一遍的催促声中，楠楠终于打着哈欠、伸着懒腰起床了。他看了看钟表，已经七点十五分了，必须得抓紧时间。于是，楠楠快速地刷牙、洗脸、吃早餐，然后匆匆忙忙地背起书包和妈妈一起走出了家门。走到一个十字路口时，楠楠看到路上车辆比较少，于是不顾红灯试图继续往前走，妈妈马上制止道："停下来，孩子，千万不要闯红灯！"楠楠停住了脚步，看了看从身边疾驰而过的一辆汽车，惊叹道："好险！"妈妈告诉他："和你说过多少次了，一定得遵守交通规则，即使有再急的事，也不能闯红灯，不能拿自己的生命开玩笑。"楠楠伸了伸舌头，说："知道了，妈妈，红灯停，绿灯行，我以后一定会遵守交通规则的。"妈妈拍拍楠楠的肩膀，说："嗯，这才是妈妈的好孩子。"

不到一分钟，绿灯亮了，妈妈和楠楠安全地走过了十字路口。

公共秩序是社会文明的标志，是一个人道德品质的体现。只有大家都自觉遵守公共秩序，我们才能有一个秩序井然、安定文明的社会环境，才能使我们的生活正常进行。所以，我们每位家长都应该严格要求自己，尤其在孩子面前更要以身作则，成为一个遵纪守法的合格公民。

让孩子有节制地上网

随着网络技术的发展，网络已深入我们的工作和生活中，给我们带来了很大的便利，网络的巨大魅力吸引着很多孩子，但是，网络是一把双刃剑，有利有弊。据中国互联网络信息中心（CNNIC）数据显示，截至2013年12月，我国网民规模达6.18亿，而青少年网民数量占相当大的比例。由于青少年心智发展还未成熟，缺乏自我辨别能力和自我控制能力，他们很难抵御网络垃圾带来的侵扰。网络产生的负面影响也日显突出，某些青少年学生痴迷网络游戏和网络聊天，以至于影响了学习，也影响了身体健康。看看下面几个事例：

小亮12岁了，学习成绩一直很棒，有一次，他考了全年级第一名，妈妈给他买了一台电脑以示奖励，小亮特别高兴。可是，有了电脑之后，小亮开始沉迷于网络游戏，甚至不能自拔。妈妈给他的零花钱都拿去买了点卡，晚上在自己的小房间里玩到12点以后才睡觉，第二天7点又要起床去上课。老师发现小亮在上课时经常昏昏欲睡，就问他："小亮，我看你上课时老是犯困，是不是昨晚没有睡好？"小亮心里有些发慌："没，没有啊。"时间长了，不明其中缘由的老师把情况反映给了小亮的妈妈，小亮妈妈也觉得奇怪：小亮每天很早就回房间睡觉了，上课时怎么还会睡觉？经过妈妈的仔细观察，终于弄清楚了其中的原因。妈妈告诉小亮："给你买电脑是为了开阔你的视野，让你学到更多的东西，不是让你玩游戏的。"一气之下，妈妈把电脑给卖了。然而，小亮对网络游戏已经上瘾，电脑没有了，下课后他就偷偷地溜进网吧去打游戏。

李离现在上初二，以前学习很好，自从家里买了电脑，他就经常上网玩游戏，父母不让他玩他就以学习需要查资料为借口。只要父母一离开，他就开始玩游戏，结果不到半年，他的学习成绩由班里的前五名下降到第三十名。父母为此很着急，给电脑加了密码，不让他再玩电脑。谁知道李离的班主任有一天竟然打电话说李离没有去上课，也没有请假，问家长怎么回事。父母很着急，到处去找李离，最后，在学校附近的网吧里找到了他。父母明白李离已经有了很大的网瘾，以致学习成绩直线下降，现在竟然还逃课，很后悔家里买了电脑，当初又没有严格限制他玩游戏，以至于造成今天这样的局面。

初二的学生郭阳对上网非常感兴趣，特别是进入了一个很热闹的聊天室后，更是沉迷其中。他每天上网超过10个小时，白天上课没有精神，精力无法集中，导致学习成绩严重下降，视力越来越差，脾气也变得很古怪，对同学与家人越来越冷淡，不再主动与人交流了。妈妈认识到他的问题很严重，发现是上网导致的，就坚决反对他上网。可是有严重网瘾的郭阳无法控制自己的情绪，认为妈妈是他的敌人，一气之下离家出走。

孩子的自制力一般比较差，经常玩着玩着就会上瘾，晚上不睡觉，上课打瞌睡，时间一长，沦为网络游戏的"奴隶"，把自己的主业——学习忘到九霄云外去了。网络电子游戏已成为孩子分心、家长担心、教师烦心、学校忧心的"洪水猛兽"。

心理学家表示，有网瘾的青少年可能会患上"情感冷漠症"，表现为对外界刺激缺乏相应的情感反应，对亲友冷淡，对周围事物失去兴趣；面部表情呆滞，内心体验缺乏，严重时对一切都漠不关心。电脑导致的情感冷漠与普通的冷漠还有所不同，一般的冷漠可能由于精神疾病，而这种冷漠可以说是由网络引起的，患者不是对所有东西都失去兴趣，而是把这种兴趣都转移到网络世界之中了。

孩子一旦对网络产生依赖，就会出现一种类似上瘾的症状，对别的事物失去兴趣，社交圈缩小，沉溺在网络世界中不能自拔。这不仅会使孩子正常的学习和生活秩序受到干扰和破坏，而且会严重影响他们的健康成长。所以，家长必须采取恰当的措施，让孩子远离网络诱惑，克服迷恋网络的坏习惯。

1. 控制孩子使用网络的时间

让孩子明确每次上网的目的（如查找学习资料、发邮件、看新闻报道、娱乐等），要控制自己上网的时间，在不影响自己正常生活、学习的情况下使用网络。平时每天玩游戏最好不超过一节课的时间，周末、节假日每天最好也不要超过2小时，还要注意每隔40分钟左右要停下来到户外活动活动。

2.培养孩子的自制力

小华周末玩游戏玩了很久，作业也没做，妈妈问他准备玩到几点，他扭头看看表说："再玩10分钟。"妈妈说："说话可算数？"小华"嗯"了一声。很快10分钟过去了，他还在玩游戏，妈妈非常生气，却表现得很平静说："你平常不是说，说话要算数吗？"他脸一红，对妈妈做了个鬼脸，马上关掉了电脑。

后来小华玩游戏，妈妈总是要他先自己规定时间，时间一到，必须马上关机。开始的时候，还需要妈妈提醒，他才恋恋不舍地关机，后来只要玩游戏的时间一到他就不玩了，比以前自觉多了。

孩子的自制力一般都很差，看电视、玩游戏时没有节制，如果家长只是劝说他停止或强行终止他的行为，只会让孩子难以接受或产生抵触情绪和逆反心理。如果引导他自己规定玩游戏或看电视的时间，给孩子一个缓冲时间，让孩子在心理上有个预备期，便可以帮助孩子慢慢地形成自我节制的意识。

3.鼓励孩子多与他人交流

现在的孩子中独生子女很多，没有和兄弟姐妹相处的经验，往往不合群。父母要动员他们、为他们创造机会和同龄人接触并交流。邻居的孩子、同事的孩子、表兄弟姐妹都可以经常来往，让他们感觉到人与人之间交往的温暖和快乐，从而淡化对网络虚拟世界的渴望，回到现实生活中来，做自己该做的事。

4.丰富孩子的课外生活

有些孩子过度痴迷网络游戏，是由于其生活太枯燥无味，因此，一定要丰富孩子的课外生活，避免其受到网络游戏的诱惑。例如，父母可以带孩子去旅游，在自然景观的熏陶中提升孩子对大自然的热爱；可以带孩子去参观博物馆、画展、摄影展等，提高孩子的文化素养；可以带孩子去图书馆，让孩子在知识的海洋中徜徉，提高其学习能力；陪孩子在家里读中外经典书籍，在交流分享中增进亲子感情，等等，让孩子逐步把精力转移到学习上。

5.让孩子感受到家庭的温暖

给孩子一个温暖的家。在孩子遇到困难的时候，心里不痛快的时候，体会爸妈真正的爱和理解。特别是离异家庭，夫妻因感情不和而离婚可以理解，也无人干涉。但是，孩子不能不管，必须要妥善安排，离异的父母应把对孩子的心理损伤降到最低限度。当前因父母离异而染上网瘾的孩子不在少数。

6.与孩子一起学电脑

父母可以与孩子一起学电脑，在与孩子共同学习的过程中，不仅能学会现代化的信息管理知识，而且能与孩子沟通交流，可以说是一举两得。与此同时，还可以利用孩子喜欢玩电脑的兴趣和特长，鼓励和帮助孩子制作一些多媒体课件，用以帮助孩子学习。

第六章

细心观察，
解读孩子的青春疑惑

青春期是孩子由童年向成人过渡的时期。在这段时间里，将发生很多变化。因此，这个时期具有与其他年龄段不同的显著特点。这个时候家长不必感到惶恐，这个阶段每个人都经历过，父母只要认识青春期的心理特征，读懂孩子的成长心理，理解处于青春期孩子的行为，因势利导，就可以帮助孩子健康成长。

调节孩子的逆反心理

众所周知，随着孩子的长大，他们变得越来越有主观能动性，对父母的指挥和安排常常表现出任性、不听话，你叫他这样，他偏不这样，甚至"闹独立"。这就是我们通常所说的青春期的逆反心理在作怪。

逆反心理主要表现在以下三个方面：不服从老师或家长的教育指导；对社会产生不满情绪，向社会发起挑战；结成同龄群体，寻找"知音"或"朋友"。而且，这些行为多表现为态度强硬、举止粗暴或漠不关心、冷淡相对（冷战）等，有时还会因对某方面反感而迁移到其他方面。

一位母亲为孩子的教育问题感到头疼。她找到老师诉说："我和他爸爸都是60年代末出生的。我们根本不明白现在的小孩儿在想什么，我和他爸爸虽然都是知识分子，但是在和孩子的沟通、对他的教育上，实在是太失败了。"在这位母亲的话语里透露出太多的无奈。

"我们都是从那个困苦的年代过来的，如今生活好了，把大部分时间都倾注在孩子身上，却得不到儿子的认可，而且他还经常和我们对着干，我觉得这孩子真是让人伤心。"她提起自己的儿子时眼圈红红的。

但是，在和她的儿子交谈的时候，老师发现这个小男孩很有自己的想法，"我妈就会给别人讲，她多辛苦，我多不理解她，可她理解我吗？她偷看我写的日记，不让我接女同学的电话，同学过生日，她死活不让我去，整天唠叨我的不是，什么都得听她的，凭什么呀？我长大了，才不想被她牵着鼻子走呢。和家长有什么好交流的，结果还不是一样？他们要的只是一个听话的'木偶'。"

其实，逆反心理在很大程度上是由于家长的教育方法不当造成的。有些家长对孩子总是唠唠叨叨，使孩子得不到一时的安宁；有的家长不考虑孩子当时的情绪，一味地要求孩子按家长的意志做这做那；有的家长缺乏民主作风，一味地对孩子命令行事，从不听孩子的意见，等等。一旦明白了逆反产生之源，父母就应该"正本清源"，以春风化雨般的态度和方式，化解孩子的逆反心理。

有时候，逆反行为，是和年龄有关系的，是孩子成长阶段的"必修课"。孩子有轻微的叛逆行为，父母不用大惊小怪，不要认为是孩子学坏了，而应该像以前一样关怀他、教育他。到了一定阶段（如孩子到了一定年龄时），这种叛逆行为会逐渐消失。一旦孩子逆反的程度超出了正常范围，父母就应予以重视，通过剖析原因，以及巧妙的沟通、引导来消除或缓解孩子这种不正常的心理。

对于孩子的逆反心理，家长不仅要认识，要理解，还应引导孩子自己去认识、理解。让他们正视自己此年龄阶段的特殊的心理特点，并认识其危害，以进行自我心理调整。

其实，孩子的逆反心理是一种独立意识的表现，彰显的是"我"的存在，关键在于父母怎样去进行正确的沟通、引导，使孩子对你的建议和要求从油盐不进到喜闻乐见，从故意作对到理解服从。

1.正确理解孩子的逆反行为

随着孩子的不断成长，接触范围的扩大，知识面的增加，内心世界丰富了，形成了自己的价值观，这种价值观有时与父母的价值观不同，会遭到父母的反对，得不到父母的理解。于是就在同龄孩子中寻找共鸣，父母也就变得不那么亲近了，此时，如果父母不了解孩子的这种心理、生理变化，一味地进行简单、生硬地管教，就会迫使孩子产生反抗情绪并出现反抗行为。

家长不能老是戴着一副有色眼镜去观察孩子，而要从孩子的角度出发，去认识孩子、理解孩子、尊重孩子。孩子有逆反行为往往是因为他们渴望独立，而成人又对他们过多限制。随着孩子的成长，他的独立意识也不断在增加，孩子的独立愿望促使他想摆脱成人的干涉。而有些家长却不理解这点，这势必会引起孩子的反抗。

2.化解亲子之间的代沟

由于出生的年代、思想以及生活阅历的不同，父母和孩子之间多少存在着思想上的差异，因此，父母应该放下居高临下的教子心态，代之以双方平等的交流和沟通。假如父母一直按照旧的思维方式以及掌握的知识来教育孩子，摆出一副"我走过的桥比你走过的路还多"的架子，很容易激化孩子的逆反心理。因此，父母应该理解孩子，换一种态度来判断孩子的逆反，不要过分束缚孩子，而要给他们一定的自由发展空间。

3.不要对孩子期望过高

有的父母对孩子的期望值过高，他们经常抱怨自己的孩子进步太慢，还经常拿自己孩子的缺点和别的孩子的优点比，越比心理越不平衡。总觉得自己的孩子不够努力，总以为通过提醒自己孩子别人有多么出色的成绩，就可以激发孩子的上进心。事实上，这样不仅不能促进孩子进步，反而使他产生逆反心理，让孩子失去自信，停留在原地甚至退步。

4.尊重孩子

孩子的自我意识产生后，他们希望自己和大人有平等地位，对大人的要求也是有选择地接受。此时，父母对孩子的行动不要轻易干涉。如果孩子必须服从的话，也不要用强制性或命令性的口吻，而应以平等的态度，征询孩子的意见，让孩子做出选择。

有些家长为了体现自己的权威，对孩子喜欢做的事也要下达命令，结果孩子反而不做了。有位中学生说，他正准备看完电视就去做作业，结果妈妈这时来了一句"还不学外语去"，听了以后，他便不想去学习了。所以，家长要尊重孩子，相信孩子，以免使孩子形成逆反的情绪。

对孩子进行正确的性教育

视"性"如"洪水猛兽"，不让孩子接受性教育，这是中国父母常犯的一个错误。

实际上，性教育是青春期孩子的必修课，为什么要这样说呢？青春期是青少年性生理发育成熟开始走向独立的关键时期。许多处于青春期的孩子常常被"性"困扰而产生疑惑、紧张、焦虑等心理，有的可能出现早恋等问题。这些问题不仅影响孩子的学习成绩，而且还会阻碍孩子心理品质的健康发展。因此，加强性教育已经成了一个不容回避的问题。

在我国，性教育长期以来被列为一个禁区，不管是在学校还是在家里，经常出现"谈性色变"的局面。但随着社会的高速发展，丰富的物质生活，加上报纸、杂志、电影、电视、电子游戏，特别是网络等各种媒体的"十面埋伏"，形形色色的信息无不刺激着孩子们的感官，让孩子主动或被动地接受着来自于外界各方面的影响，其中不乏性方面的影响。此时，家长如果不用正确的性知识对孩子进行引导和教育，不让孩子的性知识与身体的性成熟同步发展，将是一件很危险的事情。

事实上，对性的学习是延续整个生命的过程，在孩子出生那一刻起，就已经展开。性教育不只是狭隘的性生理教育，还应该包括认识身体发育、两性差异，以及与异性相处之道，是情感教育和亲密人际关系的教育，也是人格教育与生活教育。了解性，不仅能帮助孩子坦然接受自己成长过程中生理、心理的变化，而且还能懂得如何处理自己的感情，保护自己免受侵害，也更能为自己的人生负责。

父母是孩子身边最亲近的人，因此，家庭应成为孩子性教育的第一课堂，为了培养孩子们将来性方面的道德观，父母应及时对孩子进行性知识教育，使他们得到健康发展，从而抵御社会消极文化的影响，顺利度过青春期，走向健康人生。

1.让孩子了解性的基本知识

吕蒙今年12岁了，是个活泼、开朗、好奇心强的女孩。一天，蒙蒙放学回来对妈妈说："妈妈，今天我发现我们班韩丽丽的裤子上有血，就在屁股那里，我估计她可能是摔伤了吧。可是我没有看到她摔倒呀！"

妈妈明白，这个女孩一定是来月经了。突然发现，自己的女儿也快到12岁了，是大姑娘了，也应该让她知道这些事了。所以，妈妈就对吕蒙说："妈妈觉得，你那个同学不是摔伤了，她是来月经了。"

"什么叫月经？"吕蒙好奇地问妈妈。

　　"月经是每个女孩都会有的，而且对于女孩子来说是一件好事，说明这个女孩长大了，是一个女人了。月经不是一件让人为之感到羞耻的事，而是正常的生理现象，你到了一定年龄也会有的……"

　　在妈妈的解释下，吕蒙的好奇心得到了满足。

　　孩子进入青春期的一个明显标志就是性的逐渐发育成熟，如女孩子的月经初潮、乳房的发育；男孩子的遗精现象等。对这样一些前所未有的变化，如果孩子事先没有充分的思想准备，往往会感到紧张、困惑，甚至焦虑不安。所以，家长最好在孩子进入青春期之前，至少在孩子出现这些变化时，及时把这一时期孩子应该懂得的一些性知识告诉他们，这是非常必要的。

　　性的基本知识主要包括性器官、性发育、性卫生、性心理等。当孩子明白性是怎么回事时，也就消除了性的神秘感，也能正确对待自己的身心变化了。家长可以采取和孩子聊天的方式告诉孩子这些知识，也可以通过让孩子阅读一些生理卫生的书籍，帮助孩子了解这方面的知识。

　　2.父母要树立正确的性观念

　　生活中，很多中国父母趋于保守，本身就羞于谈"性"，更别说对孩子侃侃而谈了。即使觉得有教育的必要，也把责任推给学校和老师，自己能避就避。但从心理医生的角度，他们主张"性方面，父母是老师，家庭是课堂"，对孩子进行正面的性教育是启蒙的必要，也是孩子心理健康的保证。所以，父母首先自己应该树立正确的性教育观念，要知道，性教育对孩子来讲是必要的、有益的，对孩子关于性方面的提问不应回避，而应该尽可能地给孩子正确的解答。父母应该把性当作每个人成长过程中必须要了解的知识介绍给孩子，一定要确立这个观念。

调试孩子的早恋心理

早恋现象是青春期孩子中普遍存在的一种现象，是一种很正常的情感体验，首先我们要肯定地说早恋现象是很正常的，不是可耻的行为，青春期随着第二性征的发育和成熟，异性之间相互倾慕是人生阶段很正常的情感表达，不是什么见不得人的事。

其实，孩子的早恋有很大的随意性、盲目性，是一种青春萌动、躁动的外在表现。但是，早恋在一定程度上会影响孩子的学习和成长所以，当家长发现孩子早恋时，一定要妥善对待，耐心引导。

处在青春期的孩子，在与同性、同年龄人中形成亲密朋友关系的同时，由于生理发育的萌动，同时也会对异性产生关注，而且，这种关注会不断增强，以致对特定的异性萌发出爱慕之情，这是很自然的现象。家长应该信任孩子，以朋友的身份、平等的地位与孩子谈心，帮助孩子处理情感的问题，并培养孩子自觉地去约束自己的行为。

早恋是每个孩子都可能会面临的问题，家长不要把它当作"洪水猛兽"，而应该以理性的态度去面对，以平常心处之，耐心倾听孩子的心声，真诚交流所思所想，悉心指导孩子的行为，切忌态度简单粗暴。家长要尊重孩子的人格和自尊，寻找孩子早恋的原因，对症下药，耐心疏导，让孩子在早恋的经历中慢慢地成熟起来。多给孩子关心，帮助他们走出早恋的迷雾。

1.多和孩子沟通交流

对于孩子早恋的问题，父母可以找一个合适的时间、地点与孩子进行沟通。把青春期的性征、必要的性知识和对异性的好感等相关知识告诉孩子，同时告诉他们人的一生有几个阶段，聪明的人应该知道什么时候该做什么事情，什么事情是最主要的，什么事情是不必要去做的。作为一个学生，当前只有学业最为重要，因为一个知识不充分的人是没办法实现自己的理想的，也是不会完全受到他人尊重的。父母应告诉孩子，家长并不反对孩子恋爱，之所以反对是因为他们的时间选择不对，必须提醒他们什么时候该做什么事，否则就是父母的失职。

2.转移孩子的注意力

少男少女之间的爱慕和相互吸引是人之常情。处于青春期的孩子往往难以克制自己情感的冲动而陷入感情的旋涡。青春期是求学的重要时期，投入感情将会牵扯精力，从而严重影响学习成绩。由于精力有限，早恋者对集体活动开始变得冷淡，和同学们的关系也渐渐疏远，加上舆论的压力和父母、老师的反对，早恋者往往会有一种内疚感，背上沉重的思想包袱，忧心忡忡。这种情况给孩子的身心发展造成了心理上的障碍。面对孩子早恋这一现象，做父母的不能只是一味地批评，还应该考虑到他们的内心感受。要帮助他们转移注意力，升华情感，想办法将孩子的注意力从"恋情"转移到学习、生活上，将被压抑的情感转移到集体活动中，使他们的情感在活动中得到释放与升华。

偶然的一次，妈妈发现女儿早恋了，对此，她不仅没有斥责女儿，反而比过去更加关心女儿，知道女儿喜欢语文，便鼓励她去参加年级朗诵比赛，还鼓励女儿写日记，让女儿的写作水平得到了迅速的提升。

于是，女儿的作品频频出现在班级的墙报上。女儿开始由一对一的交往转向了参加班集体活动，此后，她常为班级做好事，并且在一次班干部选拔中被同学们推选为生活委员。

期末考试时，女儿的成绩跟以往相比有了很大的进步，进入年级前五名，还被评为了"三好学生"。

孩子陷入情感旋涡，需要父母帮助他们情感转移。父母要鼓励孩子积极参加集体活动，鼓励孩子与异性正常交往，满足孩子青春期的求异心理，帮助他们渐渐走出朦胧的情感世界。

3.正确引导孩子的行为

16岁的姚瑶吞吞吐吐、欲言又止地告诉妈妈，自己喜欢上了班里的一位男同学。

妈妈听后，并没有责备女儿，反而亲切地搂住女儿说："你长大了，妈妈为你高兴。妈妈也是在像你这么大的时候喜欢上同班的一个男生。但是，当时妈妈十分理智地战胜了自我，直到读大学时认识了你爸爸。你看，妈妈和爸爸现在的生活多幸福呀！"女儿既诧异又欣喜地对妈妈说："我的好多同学都为这种事被家长骂呢，妈妈您真好，能理解我。我懂了，您放心吧，我会处理好的。"

不久，妈妈就发现女儿不再像以前那样整天心神不宁了，学习成绩也开始有所提升。

当孩子早恋时，父母有责任指导孩子处理情感问题。但指导孩子时，父母不要把自己置于教育者的地位，而应以有过类似经历的过来人的身份去帮助孩子排除困扰。态度要真诚，与孩子真心交流，才能帮助孩子重新摆正自己的位置，增加孩子追求理想的信心。

4.不要轻易给孩子扣上早恋的帽子

处于青春期的孩子，内受性萌动的刺激，外受社会风尚的影响，喜欢交友，重视友谊，男女同学喜欢在一起踏青、划船、过生日、度假，渴望交知心朋友，可以互相倾吐内心的烦恼，取得真诚的理解，寻找心灵的慰藉，共同探讨人生的奥秘，切磋学习中的疑难。男女同学之间的这种正常交往是一种纯洁的友谊，只要加以正确的引导，对年轻人心理的稳定和人格的完善会起到一种不可估量的积极作用。这种可贵的友谊应该小心爱护，大力倡导。如果父母把男女同学之间的正常交往视为不良行为，一看到孩子和异性同学单独待在一起，或接触频繁一些，就往谈情说爱方面联想，这样做，只会激起孩子极大的反感。

父母要用科学的态度界定早恋，要用科学的方法对待早恋。不要如临大敌似的对孩子与异性交往进行"堵截""围剿"，父母这样做的效果往往会事倍功半，有时甚至会适得其反。

让孩子远离不健康内容

现如今，"黄色文化"已是孩子身心健康发展的毒瘤，尤其充斥在信息社会的每一个角落。色情网站、淫秽书刊、成人故事、手机骚扰等负面信息通过各种渠道进入孩子的视野当中。"黄色文化"不仅会对孩子身心健康造成危害，而且大大提高了青少年犯罪率。令人震惊的是，因为接触"黄色文化"而犯罪的青少年中，14岁以下的青少年竟然不占少数，甚至有不到10岁的少年，可见"黄色文化"对青少年有巨大的危害作用。

正处于青春期的青少年之所以抵挡不了"黄色文化"的诱惑，是因为他们发育成熟，但是他们的心智却不够成熟，还不能通过道德、法律控制自己的行为。而此时色情信息一旦从外界环境进入孩子的心里，到达他们无法控制的境地，便会导致他们做出错误的选择，甚至走向犯罪的道路。

处于青春期的孩子好奇心强烈孩子们每天都会接收到大量的新鲜信息，但是怎样将错误的信息过滤掉，其关键在于孩子的道德水平、思想层次以及价值观。所以，每一位父母，都有义务对自己的孩子进行科学合理的青春期教育和法制教育，使孩子充分认识到"黄色文化"的危害性，并在帮助孩子树立远大志向的基础上，引导他们自觉地抵制黄色书刊、影视以及网络的诱惑，把精力都投入学习知识和有着高雅情趣的活动中去。

李刚今年14岁，上初中二年级。一次，他在上网时无意地进入了一个色情网站。在好奇心的驱使下，李刚还拨打了声讯电话、收发黄色短信、上网聊天、浏览色情网站等，整日想入非非，成绩也急剧下降。

妈妈无意中发现孩子的情况后，并没有着急地责备孩子，而是一方面跟他沟通，告诉李刚作为这个年龄段的人，有好奇心是正常的；另一方面，妈妈又找来一些关于生理健康教育的光盘和儿子一起看，一边看一边严肃地给他做讲解，还买了一些生理卫生书籍供他阅读。同时，妈妈又搜集了大量关于青少年在"黄色文化"残害下走上犯罪道路的资料给李刚看，告诉他有什么不明白的，可以通过正常渠道了解，不应该接触这些不良的东西。

经过一段时间的开导，李刚再也没有接触类似的东西，成绩也开始逐渐提高。

"黄色文化"对孩子的伤害无疑是很大的，对孩子的身心发育都不利。为此，家长应抓住适当的机会，从小对孩子进行科学的性教育，让孩子对性产生正确的认识。同时，家长还要保持与孩子沟通交流，一旦发现孩子有不当行为，要及时引导，帮助孩子摆脱困扰。

1.抓住机会适时地对孩子进行性教育

当孩子谈到有关生理的话题时，家长应该及时解释，不要避而不谈。因为孩子的身体正在不断发生变化，好奇心也会逐渐增强，一切对他们来说都是新鲜的。如果家长对此神秘兮兮的，反而会让孩子愈加好奇，一些"叛逆"的孩子就有可能去自己"探索"。这样，就难免会迷上色情网站、声讯电话和淫秽书刊等，甚至会因此而走上犯罪的道路。因此，家长要学会抓住适当的机会，对孩子进行必要的性教育。

2.为孩子营造一个健康的环境

刚刚步入青春期的孩子心智发育尚未成熟，自制力较弱，容易受到外界不良信息的诱惑，接触甚至沉沦于那些不利于他们身心发展的东西。家长在家里要营造一个健康的成长环境，让孩子多看些健康的电视剧、动画片和书籍，鼓励孩子在学校要与一些品学兼优的孩子交朋友。

3.关心孩子的生活

家长不能因为工作忙、琐事多就忽略与孩子的交流和沟通。应该从细节上多关注孩子。让他们自己分辨什么是可以接触的，什么是不可以接触的，提高孩子的辨别能力。

调试孩子的追星心理

在当今社会，追星是一种很普遍的现象，"追星族"这个名词越来越普遍，尤其是青少年，他们似乎是追星的易感人群。

从成长心理学的角度来分析，青少年追星反映了他们的心理需求。根据心理学家的说法，青少年处于由孩子向成人过渡的发展阶段，正是长身体、长知识和树立远大理想的时期，他们的理想、愿望正处于迷茫和混沌中，需要自我实现和完善，他们既想摆脱儿童的心理，又想像成人那样成熟。明星偶像的出现使他们眼前一亮，从明星偶像的身上看到了自我实现的希望，追随他们、崇拜他们，已成为孩子心中的渴求。

然而，由于青少年还没有完全形成个人主见，很容易人云亦云，随波逐流，而且情感不稳定，容易冲动。因此，不少青少年的偶像崇拜容易变的盲从与狂热，从而带来不利的影响。有些人把自己大量的时间、精力和情感，投入追星中，荒废了学业和青春，迷失了自我。因此，对于追星我们应该有比较清醒地认识。

刘女士发现女儿出现了一些状况：她喜欢穿肥大裤子，耳朵上扎了四五个耳朵眼；迷恋国外的明星，每次电视上出现这些明星的画面女儿就在家里尖叫；张嘴闭嘴都是明星，好像如果不说明星就没有话讲，就像"半疯"一样。刘女士不知道是不是该带女儿看一看心理医生。这种状态下，女儿的学习就没什么可说的了，一落千丈。

妈妈采取了一些强制措施，把女儿看的明星杂志、明星贴画都给毁了，也逼她把蓬乱的长发剪了。可是"野火烧不尽，春风吹又生"，刘女士这些举动引起女儿更大的反应，学习更是一塌糊涂。

显然，盲目和疯狂的追星会影响孩子的学习和正常的生活，但如果家长对于孩子追星一味地反对，甚至态度粗暴，是不可取的，因为青春期的孩子内心存有叛逆心理，一味地压制他们所钟爱的行为有可能会起反作用。作为家长，要学会尊重孩子，理解并坦然接受孩子对明星的崇拜，对孩子的崇拜心理和行为进行科学的干预和适当的介入。若能恰当地因势利导，则可变阻力为动力。

其实，追星并不可怕，许多人在青春期时都追过星。与现在孩子主要追影星、歌星不同，以前人们大多追体育明星、戏曲明星、劳模、科学家、作家等，只是喜爱的对象有别而已。假如适度追星不影响学习和工作，那也无可厚非。但是，如果一味地关心明星的穿着打扮、八卦绯闻，而且还花费许多钱并影响自己的学习成绩，那就要引起重视了，建议父母要正确引导孩子追星，别让他们在追星中迷失自己，鼓励他们要效仿偶像乐观进取的人生态度进而使自己积极向上，让孩子的追星行为更加健康。

1.转移孩子的注意力

李先生的女儿是一个"追星族"，她特别喜欢港台明星唱的歌曲，甚至有时做作业时也要听歌，而且老讽刺民歌、古典音乐是"老土"。李先生找了个机会，向女儿介绍了一些自己爱听的歌曲，女儿开始不以为然，后来，李先生趁她休息时，放一些名曲如《高山流水》《秋日的私语》《梅花三弄》《圣母颂》等，渐渐地孩子觉得这些曲子别有一番风味，听了一遍还想听，而且能让人感到放松。在这个基础上，李先生又选择了音乐片《音乐之声》和女儿一起欣赏，片中动听的音乐，人物之间美好的情感交流都让她感动不已：家庭女教师凭借自己的人格魅力，以音乐为媒体，成功地和几个孩子交上朋友的故事，让女儿再次感受到音乐的巨大魅力。从那以后，女儿追星的热情明显减弱。一次学校开六一儿童节联欢会，她回家后兴奋地告诉妈妈："学校里有个老师唱《我爱你，塞北的雪》好听极了。"李先生高兴地笑了，因为以前他也放过这首歌，那时女儿听后曾笑他像个老人，没有时代气息。

女儿也是个文学迷，特别喜欢看散文，如何让孩子把音乐欣赏和文学欣赏结合起来？李先生找了由苏轼的词《水调歌头》谱成的歌和她一起欣赏，女儿边听边点头。一天晚上，李先生一边放巴赫的《圣母颂》，一边用低低柔柔的声音为孩子朗诵朱自清的散文《背影》，虽然音乐是西方的，散文是东方的，曲子歌颂的是圣母，散文描述的是父亲，但音乐是没有国界的，那优美的旋律，真诚的感情是人类共同拥有的。月光透过纱窗，照在女儿恬静的脸上，李先生不由得心里一动，多么动人的画面，多么乖巧的女儿。在李先生的鼓励下，女儿挑选了一首小夜曲，屋子里回荡着萨克斯柔美舒缓的乐曲，女儿用甜美的嗓音朗读朱自清的散文《荷塘月色》，看着她那全身心投入的样子，李先生知道再也不用为女儿"追星"而烦恼了。

孩子的精力是有限的，家长可以转移孩子的注意力，发展孩子多方面的兴趣，引导孩子积极参加各种社会公益活动和体育锻炼（如爬山、打球、长跑、游泳、参加绘画和唱歌比赛、参加青少年志愿者活动等)。这些健康的、有益的活动，可以丰富孩子的生活，开阔孩子的视野，使孩子获得成就感、满足感，了解自己存在的价值，从而更加积极地、勇敢地、乐观地面对生活，这样一来，便会减少追星的时间并淡化对偶像的情感。

2.引导孩子向偶像学习

一个女孩喜欢周笔畅，不仅在学校里组织"笔迷"团，在家还鼓动父母为周笔畅投票。看到女儿的状态，妈妈不禁有些担心。但当妈妈试着了解周笔畅时，发现她的唱功果然很好，便和女儿一起支持周笔畅，同时，妈妈还为女儿提供周笔畅的海报、CD。结果，周笔畅成了母女间共同的话题。

当女儿知道周笔畅精通钢琴、架子鼓、大提琴，写得一手好字，并且高考以681分的成绩考上了星海音乐学院的时候，女儿的转变很大，她开始练字，做什么也都变得认真起来，理由是身为"笔迷"，其他方面也不能太差。

这位妈妈尊重孩子、理解孩子，和孩子一起了解偶像的成长过程，最终使女儿正确地看待追星，以激励她成长进步。

追星在某种意义上讲，是一种对榜样的认可和学习，作为父母不应该盲目地指责孩子，而要从孩子的角度去思考，孩子为什么会喜欢这个明星，是喜欢这个明星的外貌、演技还是奋斗经历？每个人的成功都付出过辛苦的汗水，明星也不例外。父母应该引导孩子理性追星，去关注明星人物积极向上的方面，让孩子从榜样的力量中得到成长的动力，从而使孩子的追星行为达到一种理性的升华，让孩子把追星转化为自我激励的手段，这远远要比阻止孩子追星要好得多。

让孩子远离烟酒

近年来，吸烟、饮酒的人群日趋低龄化，给青少年的身心健康造成了严重的危害，这已成为一个不容忽视的社会问题。那么，是什么原因造成青少年过早地吸烟、喝酒呢？专家指出，青少年吸烟是由多方面原因促成的，有些是出于好奇，还有一些是受同伴的影响。

梁学成的性格比较内向，因此朋友也比较少。他十分渴望交到更多的朋友，使自己成为一个受到很多人欢迎的人。有一天，梁学成去参加一个朋友的生日聚会，当时很多同学都在，而且还都是端着酒杯，一副很自然的样子。这时候，一个朋友拿着酒瓶来到梁学成面前，准备往他杯子里面倒酒。

梁学成忙掩着杯子说："我不会，我不能喝酒……"

倒酒的朋友瞪了他一眼，说："你不喝，就是不给我面子！"

旁边的同学也纷纷劝他说："大家都在喝，你一个人不喝多不好。"

"不会喝没关系，喝一次以后就会了。"

梁学成不知道该如何拒绝他们，最后杯子被满上了酒，在大家碰杯的时候，他也被迫站起来，碰了杯，喝了一口，辣得眼泪都流了出来……

后来，有一天下午，在放学的路上，梁学成和一个同学一起回家，那位同学神秘兮兮地拿出一根香烟，给梁学成看了看，然后动作很熟练地点燃，抽了起来。梁学成看他陶醉的样子，问他是什么感觉。那位同学笑了笑，什么也没说。

回家后，梁学成也偷偷地从父亲的烟盒里面拿出一根来，叼在嘴上。犹豫了片刻后，梁学成对自己说："我就抽一根，感觉一下，不会上瘾的。"第一次除了呛得难受，梁学成没有找到什么感觉，于是第二天，他手痒，又去偷了一根。过了不久，梁学成发现，自己竟然有了烟瘾。

青春期正处于儿童向成人的过渡期，对成人的世界表现出强烈的好奇心，不能正确地判断是非，易受外界不良因素的影响，凡事都想跃跃欲试。有些孩子还错误地认为吸烟喝酒能解愁、提神，于是，这些孩子在学习、生活中遇到了挫折就感到失落和烦闷，进而模仿成年人借烟酒消愁。

世界卫生组织的专家指出，烟草和酒精是"毒品的入门"，吸烟和饮酒成瘾以及滥用药物的人，更容易沾染毒品。众所周知，吸烟有害健康。喝酒不仅损害孩子的健康，还可能诱发校园暴力事件。统计资料显示，74%的青少年犯罪是从吸烟喝酒开始的。所以，让孩子远离吸烟、饮酒等不良习气已经成为迫在眉睫的问题，我们要让青少年从根本上抵制诱惑，远离烟酒，帮助孩子健康成长，养成良好的生活习惯。

1.告诉孩子烟酒的危害

孩子对烟酒着迷，很可能是因为还不了解它们对人的危害。父母要通过日常生活中的事例，孩子晓以利害。例如，烟草中含有大量的有害物质，对人体呼吸器官的损害尤其严重；酒精对神经系统有麻痹和抑制作

一本书读懂孩子心理

用，对身体危害极大，人们更可能因为醉酒酿成祸患。

2.严格管教加细心教导

父母应该对孩子严加管教。孩子各方面都不成熟，父母要帮助自己的孩子选择好的朋友，让自己的孩子多跟那些品德优良的孩子相处，不要跟那些有不良嗜好的孩子交往。另外，孩子吸烟、喝酒的钱一般都来自父母，因此，为了不让孩子有闲钱去吸烟、喝酒，就需要家长严格把关，了解孩子零花钱的用途，掌握给钱的度。

3.减轻孩子的压力

孩子之所以吸烟、喝酒，一个很重要的原因是他们觉得学习、生活的压力过大，而父母又很少去倾听孩子的心声，因此，孩子只能把释放压力的希望寄托在烟酒上。所以父母不要给孩子太大的压力，而且要经常与孩子谈心，以免孩子因压力过大而染上吸烟、喝酒的不良习惯。

4.家长要以身作则，戒烟或不吸烟

教育并帮助未成年人远离酒精、香烟是全社会的责任，家长更要以身作则，不要在孩子面前饮酒或吸烟，也不要让孩子帮家长买酒、买烟。